주판으로 배우는 암산 수학

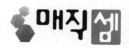

5단계
뺄셈

매직
셈

김일곤 지음

세광m

매직셈을 펴내며…

매직셈을 펴내며…

주산은 교육적 가치뿐만 아니라 의학적인 방법과 과학적인 방법이 동시에 활용되는 우뇌와 좌뇌의 균형있는 계발과 정신집중력, 속청, 속독, 기억력 증진에 탁월한 효능이 인정되는 훌륭한 학문입니다.

주산의 역사는 5,000년이 넘습니다. 고대 중국 문헌 속에 주산에 대한 기록이 있는 것만 보아도 인간 생활에 셈이 얼마나 필요했던 것인가를 알 수 있습니다.

주산은 동양 3국에서 학술과 기능으로 활발하게 연구 개발되었으며, 1960~1980년대에는 한국이 중심축이 되어 세계를 호령했던 기억들이 생생합니다. 그동안 문명의 이기에 밀려 사라졌던 주산이 지금 다시 부활하고 있습니다. 한편으로는 감회가 새롭고 한편으로는 주산 교육의 장래가 걱정스럽습니다. 후배들에게 물려줄 제대로 된 지도서도 없이 이렇게 새로운 물결 속으로 빠져들고 말았으니 그 책임을 통감하지 않을 수 없습니다.

이에 본인은 주산을 통한 암산 교육에 미력하나마 보탬이 되고자 검증된 주산 교재를 내놓게 되었습니다. 지금까지 여러 주산 교재가 나왔으나 주산식 암산에 별로 효과를 거두지 못한 것은 수의 배열이 부실하였기 때문입니다.

〈매직셈〉은 과학적인 수의 배열로 누구나 쉽게 주산 암산을 배우고 지도하기 쉽도록 하였으며, 기존 교재의 부족한 점을 보완하여 단기간에 암산 실력이 길러지도록 하였습니다.

이 교재가 주산 교육을 위한 빛과 소금이 된다면 더 바랄 것이 없으며 남은 여생을 주산 교육을 걱정하고 생각하며, 이 땅에서 오로지 주산인으로 살아갈 것을 약속합니다.

지은이 김일곤

차례

 **주산과 필산의 차이점**

예제 1 **3을 필산으로 배울 때**

$$3$$
$$1 + 1 + 1 = 3$$

3이란 숫자를 아무 생각 없이 외우고 쓰면서 숫자 3 속에 1이 몇 개 있는지 모르기 때문에 이런 방법으로 가르칠 수밖에 없다.

예제 1 **3을 주산으로 배울 때**

주산에 놓여진 숫자 3은 분류된 숫자이기 때문에 손가락으로 직접 알을 만지면서 1이 세 개 있다는 것이 두뇌에 전달됨과 동시에 입력된다.

예제 2 **필산으로 하는 뺄셈**

$3 - 2 = 1$
$$3 \qquad 2$$
$$III - II = I$$

개체물로 위와 같이 지도하기 때문에 계산을 싫어하고 나아가서 암산은 물론 계산에 대한 흥미를 갖지 못한다.

예제 2 **주산으로 하는 뺄셈**

$3 - 2 = 1$

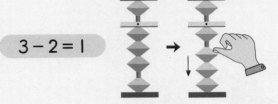

주산은 직접 눈으로 보고 손가락으로 2를 내리면서 두뇌에 전달하기 때문에 1의 숫자가 입력된다.

필산으로 쓰는 숫자는 소리나는 대로 쓰기 때문에 뜻이 담겨 있지 않아서, 지도하면서 전달하는 방법이나 이해하는 것이 쉽지 않기 때문에 결국 암산은 물론 계산도 싫어하게 된다.

주산에 놓아지는 숫자는 필산으로 다루는 숫자와 달리, 뜻이 함께 담겨 있어서(뜻 숫자라고 볼 수 있다) 지도하는 방법이나 이해하는 것이 쉽기 때문에 결국 암산은 물론 계산에 대한 자신감을 갖게 된다.

선지법 지도 방법

3 + 9 = 12

①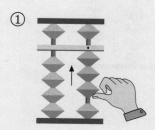

일의 자리에서 엄지로 아래 세 알을 올린다.

②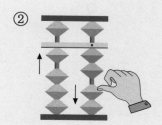

십의 자리에서 엄지로 아래 한 알을 올리고,
일의 자리에서 엄지로 아래 한 알을 내린다.

후지법과 다른 점은 아래알을 올릴 때나
내릴 때 모두 엄지를 사용한다는 것이다.

후지법 지도 방법

3 + 9 = 12

①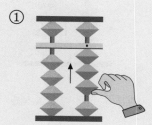

일의 자리에서 아래 세 알을 엄지로 올린다.

②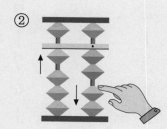

일의 자리에서 검지로 아래 한 알을 내리고,
십의 자리에서 엄지로 아래 한 알을 올린다.

선지법과 다른 점은 아래알을 올릴 때는
엄지를 사용하고, 아래알을 내릴 때는 검지를
사용한다는 것이다.

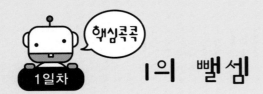

1일차 핵심콕콕 1의 뺄셈

5를 제외한 모든 수에서 1을 뺄 때는 엄지로 아래 한 알을 내린다.

$$4 - 1 = 3$$

①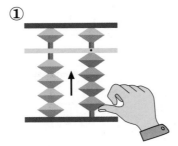

엄지로 아래 네 알을 올린다.

②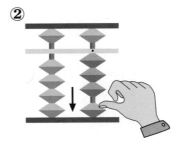

엄지로 아래 한 알을 내린다.

1	2	3	4	5
4 − 1 3 − 1 5	7 − 1 7 4 − 1	3 − 1 6 − 1 9	9 2 − 8 − 1	5 9 − 1 − 1 8

6	7	8	9	10
9 − 1 6 7 − 1	4 − 1 8 − 1 − 1	6 7 − 1 − 1 2	8 − 1 3 7 − 1	7 − 1 8 3 − 1

평가 | 1회 | 2회

확인

기초탄탄

1일차

차근차근 주판으로 해 보세요.

1	2	3	4	5
3 − 6 − 9	6 − 9 − 4	9 5 − 1 − 7	4 5 − 1 − 6	3 − 5 − 7

6	7	8	9	10
9 7 − 8 − 1	2 − 1 − 6 4	1 3 − 1 8 − 1	4 3 − 1 − 6 − 1	8 3 − 1 − 1

11	12	13	14	15
8 4 − 8 − 1	5 2 − 1 − 7	5 9 − 1 3 − 1	7 6 − 1 − 4	4 2 − 1 7 − 1

 평가

1회	2회

 확인

기초탄탄

차근차근 주판으로 해 보세요.

1	2	3	4	5
9	4	4	8	7
−1	5	7	−1	7
3	−1	−1	5	−1
−1	3	4	−1	8
7	−1	−1	4	−1

6	7	8	9	10
2	5	3	1	5
−1	−1	2	−1	2
6	−1	8	7	−1
−1	9	−1	−1	6
6	−1	−1	8	−1

11	12	13	14	15
8	3	9	4	6
4	−1	−1	−1	−1
−1	7	8	7	2
7	2	−1	−1	−1
−1	−1	−1	−1	8

평가

1회	2회

확인

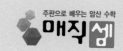

1일차 기초탄탄

차근차근 주판으로 해 보세요.

1	2	3	4	5
8 − 1 4 − 1 7	5 6 − 1 7 − 1	6 8 − 1 4 − 1	3 − 1 9 − 1 4	8 − 1 7 − 1 2

6	7	8	9	10
6 − 1 9 − 1 5	7 − 1 5 8 − 1	9 3 − 1 1 − 1 6	2 6 − 1 5 − 1	7 − 1 8 − 1 3

11	12	13	14	15
5 4 − 1 8 − 1	9 7 − 1 3 − 1	4 − 1 3 − 1 6	2 − 1 8 2 − 1	8 − 1 1 8 − 1

평가 | 1회 | 2회 | | 확인

실력쑥쑥

좀더 실력을 쌓아 볼까요?

1	2	3	4	5
4 – 8 9 7 – 1	9 – 3 – 7 1 5	3 – 9 1 5 – 8 1	8 3 – 1 7 – 6 – 1	8 – 4 1 7 5

6	7	8	9	10
1 – 8 1 – 7 1 – 7	4 2 – 9 1 4 – 1	6 3 1 – 4 1 – 1 5	5 2 – 6 1 8 – 1	6 – 1 7 – 5 1 9

11	12	13	14	15
2 – 1 7 2 8 – 1	9 1 6 – 7 1 – 1	7 – 1 2 – 4 1 6	2 – 1 3 9 – 1 – 1	7 9 – 3 1 – 1 8

평가

1회	2회

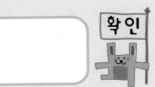
확인

좀더 실력을 쌓아 볼까요?

1	2	3	4	5
4 − 3 − 5 − 7 − 1	3 − 6 − 9 − 1 − 8	1 5 − 9 − 1 − 5	4 8 − 1 − 7 − 6	8 − 4 − 7 − 7

6	7	8	9	10
7 7 − 4 − 8 − 1	2 4 − 6 − 9 − 1	9 2 9 3 − 1 − 1	3 2 9 − 4 − 1	8 4 − 8 − 1 − 8

11	12	13	14	15
5 6 − 7 − 8 − 1	6 − 4 8 − 1 − 1	6 9 6 4 − 1 − 1	7 8 − 9 − 1 − 1	9 7 − 3 − 6 − 1

 평가

1회	2회	

 확인

11

머릿속에 주판을 그리며 풀어 보세요.

1	1 − 1 =
2	6 − 1 =
3	2 − 1 =
4	7 − 1 =
5	3 − 1 =

6	8 − 1 + 6 =
7	3 + 9 − 1 =
8	2 − 1 + 3 =
9	4 − 1 + 4 =
10	7 + 5 − 1 =

11	12	13	14	15
9 − 1	2 − 1	8 − 1	4 − 1	7 − 1

16	17	18	19	20
6 7 − 1	3 − 1 2	2 2 − 1	7 − 1 2	1 − 1 0

평가 1회 2회 확인

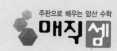

머릿속에 주판을 그리며 풀어 보세요.

1	48 × 2 =	21	87 × 2 =
2	21 × 2 =	22	40 × 2 =
3	50 × 2 =	23	61 × 2 =
4	39 × 2 =	24	59 × 2 =
5	67 × 2 =	25	23 × 2 =
6	56 × 2 =	26	78 × 2 =
7	82 × 2 =	27	14 × 2 =
8	94 × 2 =	28	69 × 2 =
9	73 × 2 =	29	55 × 2 =
10	10 × 2 =	30	35 × 2 =
11	98 × 2 =	31	97 × 2 =
12	51 × 2 =	32	26 × 2 =
13	72 × 2 =	33	38 × 2 =
14	60 × 2 =	34	71 × 2 =
15	43 × 2 =	35	46 × 2 =
16	54 × 2 =	36	63 × 2 =
17	17 × 2 =	37	76 × 2 =
18	36 × 2 =	38	15 × 2 =
19	28 × 2 =	39	89 × 2 =
20	90 × 2 =	40	65 × 2 =

평가 | 1회 | 2회

확인

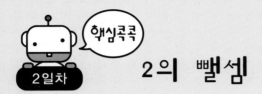

2의 뺄셈

1, 5, 6을 제외한 모든 수에서 2를 **뺄** 때는 엄지로 아래 두 알을 내린다.

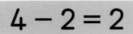

$$4 - 2 = 2$$

①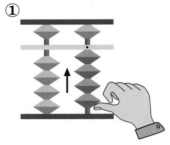

엄지로 아래 네 알을 올린다.

②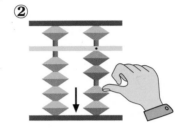

엄지로 아래 두 알을 내린다.

	1		2		3		4		5
	7		9		2	−	4	−	7
	6		8		7		1		1
−	2	−	2	−	2	−	6	−	8
	8		7		5	−	2	−	2
−	1	−	1	−	1		4		3

	6		7		8		9		10
	6		5	−	8	−	3		9
	3		9		1		2		2
−	2	−	1		3	−	5	−	1
	7	−	2		7	−	1		8
−	1		4	−	2		9	−	2

 평가

1회	2회

확인

차근차근 주판으로 해 보세요.

1	2	3	4	5
6	4	9	8	7
− 1	− 2	5	5	6
8	7	− 1	− 2	2
− 2	− 1	4	6	8
9	4	− 2	− 1	− 1

6	7	8	9	10
7	2	8	3	9
3	5	− 2	− 2	2
8	− 2	8	7	− 1
− 1	7	− 1	− 1	7
− 2	− 1	7	8	− 2

11	12	13	14	15
5	2	7	4	6
9	3	− 1	− 1	− 1
− 2	9	6	2	8
7	− 1	− 2	7	2
− 1	− 2	4	− 2	7

평가 1회 2회 확인

기초탄탄

차근차근 주판으로 해 보세요.

1	2	3	4	5
3	8	2	1	4
− 1	5	7	8	5
5	− 1	− 2	− 2	− 2
− 2	7	6	6	7
9	− 2	− 1	− 1	− 1

6	7	8	9	10
7	5	3	8	6
− 2	4	− 1	− 2	− 1
9	− 2	7	7	8
− 1	9	− 2	− 1	2
3	− 1	8	4	9

11	12	13	14	15
4	8	6	9	7
2	3	3	1	4
− 1	− 1	− 1	4	− 1
8	9	5	− 2	8
− 2	− 2	− 2	− 1	2

평가

1회	2회

확인

16

차근차근 주판으로 해 보세요.

1	2	3	4	5
6 − 1 8 − 2 4 4	2 6 − 2 7 − 1	3 2 − 2 6 − 1 8	9 5 1 − 6 2 2	8 − 1 6 − 2 9 9

6	7	8	9	10
4 − 4 2 − 6 1 3	4 − 4 2 − 4 1 9	7 − 7 2 − 8 1 3	9 − 9 2 − 7 1 7	5 8 − 2 7 − 1

11	12	13	14	15
1 − 8 2 − 4 1 − 1	8 2 − 9 1 − 2	3 − 1 4 − 7 2 2	4 1 − 9 2 − 1	2 7 − 1 5 − 2

실력쑥쑥

2일차

좀더 실력을 쌓아 볼까요?

1	2	3	4	5
4 − 1 6 − 2 4 8 − 2	7 − 2 6 − 1 7 2 9 9	9 3 − 2 7 − 1 8 2 − 2	6 − 1 7 − 2 9 7 − 1	6 − 1 4 − 2 9 8 2 − 2

6	7	8	9	10
4 − 3 2 − 9 1 4 − 2	5 − 9 1 3 7 2 − 1	2 − 7 2 5 − 5 1 1 − 8	8 − 8 1 4 − 2 7 2	3 − 2 7 − 1 6 2 − 8

11	12	13	14	15
1 8 − 2 6 − 1 7 − 2	9 6 8 − 2 − 1 4 − 1	7 − 1 3 2 − 1 8 2 − 2	8 2 − 2 6 1 − 3 2 − 1	9 2 7 − 1 8 − 1 1

평가   1회   2회   확인

18

2일차 실력쑥쑥

좀더 실력을 쌓아 볼까요?

1	2	3	4	5
3 − 328 − 81524 − 4	2 − 9182 − 8282 − 2	6 − 19238 − 1	7 − 726 − 1727 − 7	3 − 3271 − 472 − 2

6	7	8	9	10
8 − 8232 − 172 − 2	8 − 8314 − 271 − 1	5 − 5924 − 172 − 2	2 − 21728 − 28 − 8	7 − 7418 − 262 − 2

11	12	13	14	15
4 − 4319 − 27 − 7	9 − 9123 − 142 − 2	4 − 4251 − 823 − 3	9 − 9261 − 872 − 2	7 − 7628 − 142 − 2

평가

1회	2회	

확인

암산술술

머릿속에 주판을 그리며 풀어 보세요.

1	4 – 2 =
2	7 – 2 =
3	3 – 2 =
4	8 – 2 =
5	9 – 2 =

6	3 + 1 – 2 =
7	4 – 1 + 1 =
8	7 + 1 – 2 =
9	6 – 1 + 3 =
10	9 – 2 + 1 =

11	12	13	14	15
3 – 2	9 – 1	8 – 2	4 – 1	7 – 2

16	17	18	19	20
4 – 1 7	7 – 1 9	7 2 – 1	8 – 2 1	9 2 2

평가

1회	2회

확인

2일차 머릿속에 주판을 그리며 풀어 보세요.

1	89 × 3 =	21	72 × 3 =
2	15 × 3 =	22	59 × 3 =
3	27 × 3 =	23	38 × 3 =
4	68 × 3 =	24	40 × 3 =
5	46 × 3 =	25	35 × 3 =
6	13 × 3 =	26	54 × 3 =
7	75 × 3 =	27	37 × 3 =
8	92 × 3 =	28	16 × 3 =
9	86 × 3 =	29	28 × 3 =
10	67 × 3 =	30	90 × 3 =
11	34 × 3 =	31	98 × 3 =
12	48 × 3 =	32	17 × 3 =
13	50 × 3 =	33	70 × 3 =
14	39 × 3 =	34	26 × 3 =
15	76 × 3 =	35	43 × 3 =
16	23 × 3 =	36	18 × 3 =
17	51 × 3 =	37	96 × 3 =
18	49 × 3 =	38	74 × 3 =
19	60 × 3 =	39	88 × 3 =
20	87 × 3 =	40	65 × 3 =

평가

1회	2회

확인

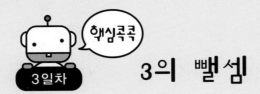

3의 뺄셈

3, 4, 8, 9에서 3을 뺄 때는 엄지로 아래 세 알을 내린다.

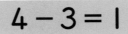

$$4 - 3 = 1$$

①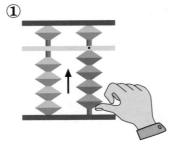

엄지로 아래 네 알을 올린다.

②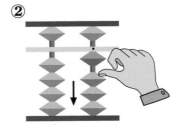

엄지로 아래 세 알을 내린다.

1	2	3	4	5
6 − 1 − 7 2 5	7 6 − 3 8 − 1	4 4 − 2 8 − 3	6 − 1 9 − 3 4	8 5 − 3 7 − 2

6	7	8	9	10
9 − 2 7 − 3 9	1 8 − 3 8 − 1	4 9 − 3 4 − 2	3 − 1 7 4 − 3	5 9 − 2 6 − 3

 평가 1회 2회  확인

22

차근차근 주판으로 해 보세요.

1	2	3	4	5
8	6	7	5	4
− 3	− 1	− 2	4	3
7	9	8	− 3	− 2
− 2	− 3	− 3	7	8
8	9	6	− 2	− 3

6	7	8	9	10
4	7	3	5	9
4	− 2	2	4	4
− 3	4	9	− 1	− 2
6	− 3	− 3	3	8
− 1	4	− 1	6	− 3

11	12	13	14	15
1	9	8	6	1
− 1	2	5	7	8
9	− 1	− 3	− 3	− 3
3	8	1	4	7
− 2	− 3	− 1	− 2	− 2

평가   1회   2회   확인

기초탄탄

차근차근 주판으로 해 보세요.

1	2	3	4	5
6	5	9	4	4
− 1	4	− 3	4	− 3
8	− 3	− 6	− 3	6
− 2	− 7	− 2	− 7	− 2
9	− 2	5	− 2	9

6	7	8	9	10
4	2	9	7	6
1	− 1	7	5	7
8	8	− 1	− 2	− 2
− 2	− 3	8	4	7
− 1	6	− 3	− 3	− 3

11	12	13	14	15
7	8	3	5	9
6	2	6	9	− 1
− 3	9	− 3	− 3	9
9	− 1	7	7	− 3
− 2	− 3	− 2	− 2	− 1

평가

1회	2회

확인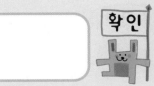

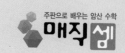

차근차근 주판으로 해 보세요.

1	2	3	4	5
9	5	7	8	8
− 2			8	− 3
− 1	− 2	− 2	− 5	
− 3	− 8	− 3	− 3	− 9
7	− 3	− 6	− 9	− 2
		− 2	− 1	− 8

6	7	8	9	10
3	9	9	4	4
2	3	− 3	− 2	− 3
9	− 1	8	7	8
− 3	− 7	− 2	− 3	− 2
− 1	− 3	4	9	4

11	12	13	14	15
6	2	7	9	3
− 1	7	2	− 2	− 2
4	− 3	− 3	4	8
− 3	7	− 1	8	− 3
4	− 2	− 6	− 3	5

실력쑥쑥

좀더 실력을 쌓아 볼까요?

1	2	3	4	5
4 − 3 5 5 7 − 7 2 − 8 3	6 − 1 4 5 3 − 1 7	8 8 6 3 − 7 2 − 8 3	9 − 9 2 − 7 3 − 4 9 − 1	8 − 8 3 − 7 2 − 8 3 6 6

6	7	8	9	10
6 − 1 8 − 3 4 3 − 2	9 − 3 4 − 9 2 5 − 1	5 5 4 1 − 3 4 3 − 3 2	4 9 3 4 − 4 2 1 − 6	3 3 2 9 1 − 3 8 2 −

11	12	13	14	15
5 5 8 3 − 7 2 9 − 3	6 − 1 4 2 8 3 − 1	9 9 1 8 3 9 2 − 1	4 4 1 8 2 8 1 − 3	8 8 3 8 3 7 2 9 −

평가

1회	2회	

확인

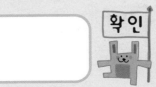

 실력쑥쑥

3일차

좀더 실력을 쌓아 볼까요?

1	2	3	4	5
5 9 − 3 1 − 6 1 − 6	4 4 3 − 7 1 − 8 3	9 1 7 − 2 8 − 1 2	2 6 3 − 4 1 − 5 2	6 2 − 3 9 − 2 7 − 1

6	7	8	9	10
8 − 2 3 4 3 − 9 3	7 − 2 8 3 2 9 − 1	4 2 − 1 7 − 2 8 − 3	6 − 1 4 3 2 9 − 3	7 2 3 − 7 2 − 1 6

11	12	13	14	15
3 3 − 1 8 − 2 7 − 3	8 2 9 3 − 1 − 8 3	4 1 9 − 2 7 − 3 1	9 6 4 3 − 1 − 8 3	3 8 − 1 4 − 2 7 − 1

평가

1회	2회		확인

머릿속에 주판을 그리며 풀어 보세요.

1	4 − 3 =
2	8 − 3 =
3	3 − 3 =
4	9 − 3 =
5	7 − 2 =

6	9 + 3 − 1 =
7	4 − 2 + 2 =
8	7 + 4 − 1 =
9	8 − 3 + 2 =
10	5 + 2 − 1 =

11	12	13	14	15
4 − 2	8 − 3	7 − 1	9 − 3	8 − 2

16	17	18	19	20
6 − 1 4	8 9 − 2	9 − 3 4	2 1 − 3	9 − 0 5

평가

1회	2회

확인

3일차 머릿속에 주판을 그리며 풀어 보세요.

1	65 × 4 =	21	83 × 4 =
2	48 × 4 =	22	40 × 4 =
3	72 × 4 =	23	95 × 4 =
4	39 × 4 =	24	76 × 4 =
5	81 × 4 =	25	52 × 4 =
6	29 × 4 =	26	15 × 4 =
7	74 × 4 =	27	94 × 4 =
8	68 × 4 =	28	60 × 4 =
9	56 × 4 =	29	78 × 4 =
10	43 × 4 =	30	42 × 4 =
11	26 × 4 =	31	14 × 4 =
12	50 × 4 =	32	38 × 4 =
13	17 × 4 =	33	96 × 4 =
14	89 × 4 =	34	79 × 4 =
15	90 × 4 =	35	32 × 4 =
16	28 × 4 =	36	69 × 4 =
17	61 × 4 =	37	41 × 4 =
18	37 × 4 =	38	82 × 4 =
19	45 × 4 =	39	57 × 4 =
20	21 × 4 =	40	19 × 4 =

평가

1회	2회

확인

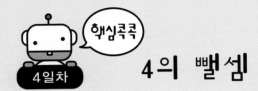

4의 뺄셈

9, 4에서 4를 **뺄** 때는 엄지로 아래 네 알을 내린다.

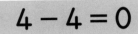

$$4 - 4 = 0$$

①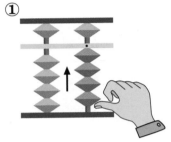

엄지로 아래 네 알을 올린다.

②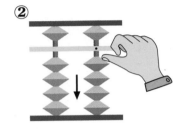

엄지로 아래 네 알을 내린다.

	1	2	3	4	5
	7	3	2	8	1
	2	− 1	7	6	8
−	4	− 7	− 4	2	4
	9	4	1	7	− 7
−	3	8	− 1	− 4	− 1

	6	7	8	9	10
	4	8	6	3	9
−	4	5	− 1	− 2	4
	7	− 3	4	8	7
−	2	9	− 3	− 4	2
	9	− 4	8	6	− 2

평가

1회	2회

확인

차근차근 주판으로 해 보세요.

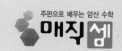

1	2	3	4	5
7 − 2 9 − 4 6	3 9 − 1 8 − 4	7 − 1 8 − 4 5	9 − 4 7 − 1 2	8 1 − 4 6 − 1

6	7	8	9	10
8 − 3 3 − 2 5	3 3 − 1 9 − 4	8 4 − 2 9 − 4	4 8 − 1 8 − 3	7 − 2 4 − 4 5

11	12	13	14	15
4 2 − 1 9 − 4	9 4 − 3 9 − 4	1 3 − 4 9 − 3	5 8 − 2 8 − 4	9 1 − 9 1 − 3

기초탄탄

차근차근 주판으로 해 보세요.

1	2	3	4	5
1	3	5	8	5
9	6	9	- 1	8
9	- 1	- 4	7	- 1
- 3	- 6	8	8	7
- 1	- 4	- 2	- 2	- 4

6	7	8	9	10
9	9	3	8	4
7	3	- 2	- 3	- 2
- 1	- 2	4	4	3
9	9	9	- 4	9
- 3	- 4	- 4	6	- 3

11	12	13	14	15
7	9	7	1	8
- 2	2	- 2	8	4
9	- 1	9	- 2	- 1
2	9	5	7	8
- 1	- 3	- 4	- 4	- 4

평가

| 1회 | 2회 | | 확인 |

차근차근 주판으로 해 보세요.

1	2	3	4	5
2 7 − 4 8 − 3	2 − 1 − 8 4 9	3 1 − 4 8 − 1	4 − 3 8 − 4 6	8 5 − 3 4 − 4

6	7	8	9	10
1 3 − 4 7 − 1	7 − 2 9 − 3 4	9 − 4 7 − 2 7	4 1 9 − 1 − 3	8 4 − 2 8 − 3

11	12	13	14	15
9 7 − 1 4 − 4	6 2 − 3 9 − 4	5 4 − 3 8 − 4	6 − 1 5 4 − 4	5 4 − 4 7 − 2

평가

1회	2회		

확인

4일차 실력쑥쑥

좀더 실력을 쌓아 볼까요?

1	2	3	4	5
9 6 4 − 3 − 9 − 4	3 1 − 7 − 4 − 8 − 2 4	9 8 2 − 4 − 3 7 − 2	3 1 − 4 8 − 1 4 − 1	4 − 4 7 2 − 3 6 − 2

6	7	8	9	10
7 3 9 4 − 9 1 − 2	6 2 3 − 8 2 − 8 − 4	4 − 2 2 − 4 4 2 − 1	2 3 8 3 − 3 9 3 − 1	8 5 3 − 9 4 − 8 2

11	12	13	14	15
2 7 4 − 1 1 − 9 − 3	4 − 9 − 3 7 2 9	8 8 − 1 9 − 4 9 − 4	5 6 − 1 9 − 4 9 − 3	6 1 − 2 9 − 3 8 − 4

평가 1회 2회 확인

34

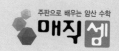
실력쑥쑥

4일차

좀더 실력을 쌓아 볼까요?

1	2	3	4	5
8 − 16 6 − 49 − 3	7 − 24 − 48 42 − 2	2 2 − 49 − 38 − 2	4 − 23 − 93 − 38 − 4	8 − 14 − 71 − 83

6	7	8	9	10
9 4 − 28 − 83 − 4	4 − 21 − 84 82	7 3 − 94 − 93 − 1	6 5 − 19 − 27 − 4	9 − 18 39 − 13

11	12	13	14	15
5 4 − 36 29 − 3	2 − 18 − 64 − 31	5 − 44 − 72 − 93	4 − 18 − 21 − 94	3 − 81 − 94 − 83

머릿속에 주판을 그리며 풀어 보세요.

1	4 − 4 =
2	2 − 1 =
3	9 − 3 =
4	7 − 2 =
5	9 − 4 =

6	8 − 3 + 3 =
7	9 − 4 + 0 =
8	7 + 2 − 4 =
9	6 − 1 + 3 =
10	4 − 0 − 4 =

11	12	13	14	15
9 − 4	3 − 2	4 − 3	8 − 3	6 − 1

16	17	18	19	20
7 − 2 4	4 − 3 9	5 3 − 2	3 − 1 4	9 − 4 3

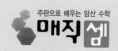

암산술술

머릿속에 주판을 그리며 풀어 보세요.

1	35 × 5 =	21	14 × 5 =
2	62 × 5 =	22	72 × 5 =
3	94 × 5 =	23	69 × 5 =
4	71 × 5 =	24	43 × 5 =
5	87 × 5 =	25	80 × 5 =
6	91 × 5 =	26	86 × 5 =
7	28 × 5 =	27	29 × 5 =
8	50 × 5 =	28	54 × 5 =
9	37 × 5 =	29	83 × 5 =
10	68 × 5 =	30	59 × 5 =
11	39 × 5 =	31	12 × 5 =
12	61 × 5 =	32	84 × 5 =
13	48 × 5 =	33	65 × 5 =
14	73 × 5 =	34	13 × 5 =
15	20 × 5 =	35	97 × 5 =
16	64 × 5 =	36	75 × 5 =
17	51 × 5 =	37	81 × 5 =
18	42 × 5 =	38	49 × 5 =
19	17 × 5 =	39	26 × 5 =
20	99 × 5 =	40	30 × 5 =

평가

1회	2회		확인

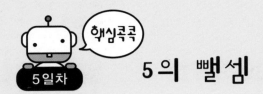

5의 뺄셈

5, 6, 7, 8, 9에서 5를 뺄 때는 검지로 윗알을 올린다.

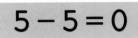

$$5 - 5 = 0$$

①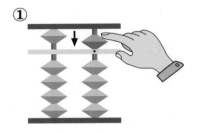

검지로 윗알을 내린다.

②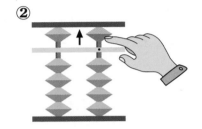

검지로 윗알을 올린다

1	2	3	4	5
6 3 − 5 4 − 3	4 − 3 7 − 5 9	3 − 2 6 − 5 8	2 7 − 5 3 − 1	8 − 5 7 9 − 4

6	7	8	9	10
9 − 4 3 − 5 2	9 − 5 1 7 − 2	7 − 5 6 6 − 4	6 − 1 9 2 − 5	5 8 − 3 6 − 5

평가

1회	2회	

확인

기초탄탄

5일차

차근차근 주판으로 해 보세요.

1	2	3	4	5
6	7	4	4	3
− 5	2	− 3	2	− 1
8	− 5	6	− 1	7
− 4	3	− 5	9	− 5
7	− 2	8	− 4	8

6	7	8	9	10
9	7	9	8	5
− 3	6	− 5	2	6
8	− 3	3	3	− 1
4	9	− 2	2	5
− 5	− 5	5	− 1	− 5

11	12	13	14	15
7	8	5	9	4
4	− 3	− 5	6	1
− 1	4	9	− 5	− 5
8	3	− 3	9	3
− 5	− 2	7	− 4	− 2

평가

1회	2회

확인

기초탄탄

차근차근 주판으로 해 보세요.

1	2	3	4	5
5	2	4	1	7
− 5	9	− 4	8	4
8	− 1	7	− 1	− 1
− 2	9	− 5	7	9
6	− 3	8	− 5	− 5

6	7	8	9	10
6	3	6	8	1
8	− 2	− 5	1	4
− 4	6	3	− 5	− 5
9	7	− 4	3	4
− 3	− 3	7	− 2	− 3

11	12	13	14	15
3	4	9	9	3
− 2	1	5	− 3	6
7	− 5	− 4	8	− 4
− 5	9	6	1	2
2	− 2	− 1	− 5	− 5

평가

1회	2회

확인

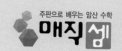

5일차 기초탄탄

차근차근 주판으로 해 보세요.

1	2	3	4	5
6	4	8	4	9
− 1	− 3	− 5		4
2	4	2	− 5	− 2
− 5	− 5	6	8	8
3	7	− 1	− 3	− 5

6	7	8	9	10
6	7	9	4	8
− 1	7	− 4	8	3
8	− 3	9	− 2	− 1
− 2	8	2	9	9
9	− 5	− 5	− 4	− 5

11	12	13	14	15
9	8	3	7	9
6	7	5	5	2
− 5	− 5	− 5	− 2	− 1
9	4	6	8	8
− 4	− 3	− 4	− 3	− 2

실력쑥쑥

좀더 실력을 쌓아 볼까요?

1	2	3	4	5
8	9	5	9	6
− 5	− 5	4	4	3
6	4	− 5	− 3	5
− 2	− 3	4	7	− 2
9	9	− 2	− 5	1
− 1	− 2	8	7	− 5
7	3	− 4	− 4	6

6	7	8	9	10
9	7	8	7	7
2	− 2	− 5	− 5	− 2
8	6	6	7	9
− 5	− 1	3	1	1
4	− 9	7	9	− 5
− 6	3	− 5	3	8
5	− 5	− 4	− 5	− 3

11	12	13	14	15
4	6	5	3	8
2	− 1	5	1	3
8	4	9	− 2	4
7	− 5	3	4	5
− 5	7	8	9	6
4	8	− 2	6	9
− 5	− 4	8	5	5

평가

1회	2회		

확인

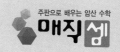

5일차 실력쑥쑥

좀더 실력을 쌓아 볼까요?

1	2	3	4	5
2 − 3 5 − 7 2 9 − 4	4 3 − 5 7 4 8 − 3	7 8 − 5 9 4 7 − 2	9 5 − 7 1 6 − 5 − 9	4 2 5 − 8 3 − 5 8

6	7	8	9	10
9 6 − 5 4 − 2 4 − 5	5 6 1 − 9 5 − 4 2	6 5 − 5 8 − 4 9 − 3 7	9 1 8 2 − 5 7 − 3	8 6 4 − 9 5 4 − 5

11	12	13	14	15
3 − 1 7 3 − 2 6 − 5	4 1 − 5 9 − 3 8 − 4	8 2 9 9 − 5 3 − 8 4	6 5 7 4 2 − 8 − 3	7 5 4 − 5 8 2 − 1

평가

1회	2회	

확인

43

암산술술

머릿속에 주판을 그리며 풀어 보세요.

1	5 − 5 =
2	9 − 5 =
3	6 − 5 =
4	7 − 5 =
5	8 − 5 =

6	9 − 5 + 5 =
7	4 + 2 − 5 =
8	8 − 5 + 7 =
9	2 + 5 − 5 =
10	6 − 5 + 4 =

11	12	13	14	15
7 − 5	5 − 5	6 − 1	8 − 5	9 − 5

16	17	18	19	20
8 − 3 6	3 5 − 2	9 − 4 5	5 6 − 1	7 − 5 3

평가

1회	2회

확인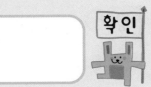

암산술술

5일차

머릿속에 주판을 그리며 풀어 보세요.

1	64 × 6 =	21	47 × 6 =
2	87 × 6 =	22	29 × 6 =
3	23 × 6 =	23	50 × 6 =
4	51 × 6 =	24	82 × 6 =
5	95 × 6 =	25	36 × 6 =
6	19 × 6 =	26	94 × 6 =
7	25 × 6 =	27	78 × 6 =
8	38 × 6 =	28	12 × 6 =
9	70 × 6 =	29	40 × 6 =
10	46 × 6 =	30	37 × 6 =
11	62 × 6 =	31	76 × 6 =
12	43 × 6 =	32	30 × 6 =
13	89 × 6 =	33	69 × 6 =
14	17 × 6 =	34	18 × 6 =
15	59 × 6 =	35	45 × 6 =
16	93 × 6 =	36	26 × 6 =
17	61 × 6 =	37	71 × 6 =
18	85 × 6 =	38	92 × 6 =
19	24 × 6 =	39	58 × 6 =
20	31 × 6 =	40	74 × 6 =

평가

1회	2회	

확인

6의 뺄셈

6, 7, 8, 9에서 6을 뺄 때는 엄지로 아래 한 알을 내리는 동시에 검지로 윗알을 올린다.

$$9 - 6 = 3$$

①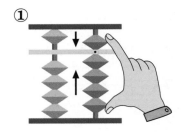

엄지로 아래 네 알을 올리는 동시에
검지로 윗알을 내린다.

②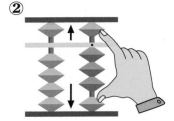

엄지로 아래 한 알을 내리는 동시에
검지로 윗알을 올린다.

1	2	3	4	5
9 − 6 3 7 − 2	8 5 − 3 8 − 6	6 − 1 8 − 3 8	4 1 − 5 9 − 6	2 4 − 1 9 − 4

6	7	8	9	10
7 − 5 7 − 6 2	5 4 − 6 9 − 2	6 − 5 8 − 6 7	7 − 6 8 − 3 6	4 3 − 6 8 − 4

 평가　　1회　　　2회

 확인

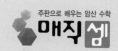

6일차 차근차근 주판으로 해 보세요.

1	2	3	4	5
9	7	3	4	9
− 3	− 6	3	− 3	− 6
7	8	− 5	6	2
− 2	− 4	8	6	8
4	9	− 6	− 1	− 2

6	7	8	9	10
7	4	6	8	1
2	3	− 1	3	8
− 5	− 2	4	− 1	− 6
2	8	− 6	9	2
− 6	− 3	9	− 4	− 5

11	12	13	14	15
7	8	2	9	5
− 6	− 6	2	2	4
8	8	9	− 1	− 6
4	7	− 4	9	4
− 3	− 5	5	− 4	− 2

 평가

1회	2회

 확인

기초탄탄

차근차근 주판으로 해 보세요.

1	2	3	4	5
9	4	8	9	7
3	5	4	− 5	7
− 2	− 6	− 2	9	− 3
7	2	7	− 1	8
− 6	− 5	− 6	8	− 6

6	7	8	9	10
6	3	9	2	9
− 6	− 1	− 4	6	− 6
8	7	8	− 3	3
− 5	− 5	− 2	9	− 1
7	6	4	− 4	9

11	12	13	14	15
7	8	7	5	5
2	− 3	− 2	4	3
− 6	9	4	− 6	− 6
2	− 4	− 3	3	9
− 5	6	5	− 5	− 1

평가

1회	2회	

확인

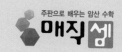

기초탄탄

6일차 차근차근 주판으로 해 보세요.

1	2	3	4	5
3	7	9	6	4
3	− 6	1	2	− 4
− 6	3	8	− 6	8
8	− 2	− 2	4	− 6
− 3	9	− 5	− 1	8

6	7	8	9	10
9	4	1	3	8
2	− 1	7	− 2	− 5
8	7	− 6	8	2
− 6	9	7	4	9
− 3	− 6	− 4	− 3	− 4

11	12	13	14	15
6	1	8	5	9
6	8	− 5	2	6
− 2	− 3	6	− 6	− 1
9	8	3	8	2
− 6	− 4	− 2	− 3	1

 평가

1회	2회	

 확인

좀더 실력을 쌓아 볼까요?

1	2	3	4	5
6	9	8	9	6
− 1 7	− 5 1 9	− 3 4	− 6 2 9	− 5 8
− 2 8	− 2 4 6	− 2 1 9	− 4 8 6	− 6 6
− 6 3	− 6	− 6	− 6	− 1 4

6	7	8	9	10
4	5	2	3	4
2	4	3 5	− 1 7	4 9
− 6 8	− 6 4	− 5 8	− 6 8	− 5 1
− 5 6	− 4 2 8	− 6 7	− 6 2	− 3 6
− 4	− 3	− 3		

11	12	13	14	15
7	8	8	7	6
3 9	− 3 4	− 6 3	− 2 6	− 6 8
− 2 5	− 1 9 6	− 5 8	− 4 5 9	− 5 9
− 7 4	− 1	− 6 8	− 4	− 2 4

평가   1회   2회

확인

50

실력쑥쑥

좀더 실력을 쌓아 볼까요?

1	2	3	4	5
7	9	3	9	8
− 6	3	− 4	− 6	1
8	− 2	6	3	− 6
2	7	8	1	2
− 1	6	− 3	− 9	9
6	− 8	1	4	− 0
5	3	− 7	7	4
− 5			− 7	− 4

6	7	8	9	10
6	9	6	8	2
− 5	− 5	− 1	− 5	7
9	7	8	8	6
8	8	− 3	1	− 3
− 6	6	9	− 4	5
7	2	4	4	− 8
− 3	− 4	− 2	6	4

11	12	13	14	15
4	2	1	5	5
3	− 1	7	3	6
− 6	8	6	− 3	− 1
8	6	− 4	9	9
− 4	4	5	− 2	− 6
8	2	8	7	9
− 3	− 6	− 4	− 6	− 2

암산술술

머릿속에 주판을 그리며 풀어 보세요.

1	$6 - 6 =$
2	$7 - 6 =$
3	$8 - 6 =$
4	$9 - 6 =$
5	$7 - 5 =$

6	$3 + 5 - 6 =$
7	$7 - 6 + 9 =$
8	$4 + 2 - 6 =$
9	$9 - 6 + 8 =$
10	$8 + 1 - 6 =$

11	12	13	14	15
9 − 5	7 − 2	6 − 1	8 − 3	9 − 4

16	17	18	19	20
8 − 6 3	1 7 − 6	9 − 6 2	4 5 − 6	8 − 5 7

평가

1회	2회

확인

52

6일차 머릿속에 주판을 그리며 풀어 보세요.

1	29 × 7 =	21	12 × 7 =
2	13 × 7 =	22	88 × 7 =
3	60 × 7 =	23	21 × 7 =
4	91 × 7 =	24	80 × 7 =
5	47 × 7 =	25	75 × 7 =
6	96 × 7 =	26	59 × 7 =
7	30 × 7 =	27	76 × 7 =
8	78 × 7 =	28	52 × 7 =
9	53 × 7 =	29	46 × 7 =
10	14 × 7 =	30	38 × 7 =
11	85 × 7 =	31	19 × 7 =
12	79 × 7 =	32	70 × 7 =
13	17 × 7 =	33	43 × 7 =
14	26 × 7 =	34	62 × 7 =
15	34 × 7 =	35	36 × 7 =
16	58 × 7 =	36	89 × 7 =
17	25 × 7 =	37	15 × 7 =
18	63 × 7 =	38	73 × 7 =
19	95 × 7 =	39	98 × 7 =
20	40 × 7 =	40	69 × 7 =

평가

1회	2회		확인

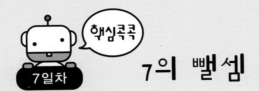

7의 뺄셈

7, 8, 9에서 7을 뺄 때는 엄지로 아래 두 알을 내리는 동시에 검지로 윗알을 올린다.

$$9 - 7 = 2$$

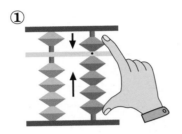

① 엄지로 아래 네 알을 올리는 동시에 검지로 윗알을 내린다.

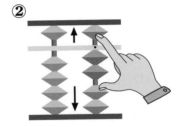

② 엄지로 아래 두 알을 내리는 동시에 검지로 윗알을 올린다.

1	2	3	4	5
7 2 − 6 4 − 7	4 − 3 6 − 7 8	9 4 6 − 7 − 2	7 − 5 7 − 7 3	4 − 2 8 9 − 7

6	7	8	9	10
8 − 1 − 7 6 5	7 − 5 6 − 7 8	6 1 − 7 4 − 3	8 − 6 7 − 4 9	3 2 9 8 − 7

평가

1회	2회

확인

기초탄탄

7일차

차근차근 주판으로 해 보세요.

1	2	3	4	5
5	9	3	6	7
8	− 6	− 2	− 5	− 1
− 3	3	8	8	6
9	− 5	− 7	− 7	5
− 7	5	3	8	− 7

6	7	8	9	10
9	3	8	5	2
− 4	6	4	− 5	9
− 9	− 7	− 2	9	− 1
1	4	9	− 3	8
2	− 6	− 7	7	− 7

11	12	13	14	15
9	8	6	4	4
3	2	5	− 3	5
− 2	9	− 1	8	− 7
6	− 4	8	− 7	4
− 6	− 5	− 7	2	− 6

평가

1회	2회	

확인

기초탄탄

차근차근 주판으로 해 보세요.

1	2	3	4	5
3	7	5	1	9
− 2	− 5	4	8	− 7
7	4	− 3	− 7	6
− 7	− 6	8	7	− 6
9	1	− 4	− 5	8

6	7	8	9	10
5	2	9	5	8
− 5	6	− 5	4	− 2
7	− 2	1	− 7	4
6	7	9	6	8
− 3	− 1	− 4	− 6	− 7

11	12	13	14	15
4	6	6	9	9
1	− 1	3	6	1
− 5	4	− 7	4	9
9	− 6	7	− 7	− 6
− 7	7	− 4	− 2	− 3

평가

1회	2회

확인

기초탄탄

7일차 차근차근 주판으로 해 보세요.

1	2	3	4	5
8	9	9	5	3
− 7	− 4	5	4	6
6	3	− 4	− 7	− 6
− 5	− 7	7	7	4
3	9	− 7	− 5	− 6

6	7	8	9	10
8	9	4	7	8
2	4	1	3	− 7
9	− 3	− 9	9	8
− 7	7	− 2	− 3	− 6
− 1	− 7	2	− 5	2

11	12	13	14	15
5	2	4	9	8
3	− 1	4	− 5	− 6
− 2	8	− 7	3	5
8	− 7	8	− 7	7
− 4	8	− 6	9	− 3

평가   1회   2회   확인

실력쑥쑥

좀더 실력을 쌓아 볼까요?

1	2	3	4	5
5	7	4	8	9
9	2	5	− 7	2
− 2	− 7	− 6	− 1	− 3
6	4	5	9	8
− 7	6	− 7	− 4	− 7
8	− 8	8	8	6
− 1	5	− 4	2	− 5

6	7	8	9	10
6	8	4	7	3
7	− 3	3	7	3
9	4	6	5	8
− 3	− 7	− 6	5	6
9	9	8	8	− 4
5	− 1	7	4	7
3	6	7	2	− 7
− 7		− 4		

11	12	13	14	15
9	5	4	9	9
− 9	2	3	5	7
7	7	− 3	1	7
6	9	8	9	2
5	− 6	− 4	3	1
7	8	5	8	− 8
9	1	9	4	6
− 2		− 7		

평가

1회	2회

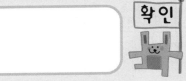

확인

실력쑥쑥

7일차 좀더 실력을 쌓아 볼까요?

1	2	3	4	5
9 8 1 − 7 − 1 9 − 6	7 5 − 7 − 7 8 9 − 6	4 3 − 6 − 8 7 7 4	4 6 9 − 3 5 − 8 2	6 − 6 8 − 7 4 9 − 4

6	7	8	9	10
3 6 − 7 4 − 6 8 − 7	7 5 − 7 − 7 5 − 4	3 − 3 8 − 7 8 4 2 − 2	8 − 7 8 6 − 6 2 8 3 − 3	2 7 − 7 6 − 7 8 4

11	12	13	14	15
9 9 2 − 1 8 − 7 6 2 − 2	9 − 9 4 6 8 − 5 9 − 3	7 7 2 − 7 4 − 6 9 7 − 7	4 5 − 5 4 3 − 7 8 5 − 5	9 9 3 − 3 2 8 − 6 6 7 − 7

평가

1회	2회		확인

암산슐슐

머릿속에 주판을 그리며 풀어 보세요.

1	7 - 7 =
2	8 - 7 =
3	9 - 7 =
4	6 - 5 =
5	4 - 4 =

6	8 - 7 + 3 =
7	6 + 1 - 7 =
8	9 - 6 + 2 =
9	7 + 2 - 7 =
10	8 - 3 + 6 =

11	12	13	14	15
8 - 7	9 - 5	9 - 7	4 - 2	6 - 1

16	17	18	19	20
1 8 - 7	8 - 7 3	9 9 - 3	7 - 6 3	5 9 - 4

평가

1회	2회

확인

60

머릿속에 주판을 그리며 풀어 보세요.

1	18 × 8 =	21	65 × 8 =
2	42 × 8 =	22	15 × 8 =
3	59 × 8 =	23	32 × 8 =
4	67 × 8 =	24	49 × 8 =
5	23 × 8 =	25	93 × 8 =
6	56 × 8 =	26	20 × 8 =
7	38 × 8 =	27	75 × 8 =
8	19 × 8 =	28	63 × 8 =
9	70 × 8 =	29	29 × 8 =
10	34 × 8 =	30	66 × 8 =
11	62 × 8 =	31	13 × 8 =
12	71 × 8 =	32	92 × 8 =
13	89 × 8 =	33	57 × 8 =
14	51 × 8 =	34	41 × 8 =
15	45 × 8 =	35	35 × 8 =
16	73 × 8 =	36	80 × 8 =
17	82 × 8 =	37	96 × 8 =
18	69 × 8 =	38	28 × 8 =
19	74 × 8 =	39	39 × 8 =
20	68 × 8 =	40	43 × 8 =

평가 | 1회 | 2회 | | 확인

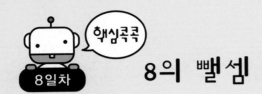

8의 뺄셈

8, 9에서 8을 뺄 때는 엄지로 아래 세 알을 내리는 동시에 검지로 윗알을 올린다.

$$9 - 8 = 1$$

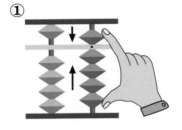

엄지로 아래 네 알을 올리는 동시에
검지로 윗알을 내린다.

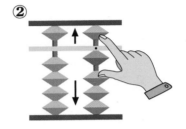

엄지로 아래 세 알을 내리는 동시에
검지로 윗알을 올린다.

1	2	3	4	5
2	4	3	7	8
6	− 3	5	− 6	− 8
− 8	7	− 8	7	9
7	− 8	9	− 8	− 7
− 5	3	− 6	9	9

6	7	8	9	10
9	3	9	5	8
− 8	− 1	− 8	8	− 5
7	4	8	− 3	3
− 2	3	− 4	8	2
4	− 8	5	− 8	− 8

평가

1회	2회	

확인

주판으로 배우는 암산 수학

8일차 기초탄탄

차근차근 주판으로 해 보세요.

1	2	3	4	5
2	3	5	7	1
6	− 1	4	5	8
− 5	3	− 8	− 2	− 8
4	4	7	9	7
− 7	− 8	− 6	− 8	− 5

6	7	8	9	10
9	8	6	3	6
− 8	− 1	2	6	3
7	6	− 8	− 8	− 2
− 3	5	9	6	2
8	− 8	− 4	− 7	− 8

11	12	13	14	15
9	7	7	8	4
− 6	− 5	− 6	− 6	− 3
7	6	8	7	4
9	− 8	− 8	− 4	4
− 8	6	9	9	− 7

평가

1회	2회	

확인

기초탄탄

차근차근 주판으로 해 보세요.

1	2	3	4	5
3	8	4	2	9
3	− 2	2	7	2
− 1	− 5	− 6	− 8	− 1
4	8	9	6	9
− 8	3	− 8	− 7	− 8

6	7	8	9	10
7	6	9	8	6
− 6	7	− 8	− 5	3
8	− 3	6	− 3	− 4
6	9	− 7	9	4
− 5	− 8	5	1	− 8

11	12	13	14	15
4	9	5	1	4
1	− 4	4	8	3
8	6	− 8	− 7	− 2
− 1	8	7	6	9
− 2	− 8	− 6	− 8	− 4

평가

1회	2회

확인

기초탄탄

8일차

차근차근 주판으로 해 보세요.

1	2	3	4	5
6	4	4	8	3
- 1	8	3	- 2	5
4	- 2	- 6	3	- 8
- 8	8	7	- 8	9
4	- 8	- 8	9	- 3

6	7	8	9	10
8	7	4	2	9
- 5	- 5	6	6	- 6
2	7	9	- 8	7
4	- 6	- 1	5	9
- 8	3	- 3	- 5	- 8

11	12	13	14	15
9	6	5	8	9
- 8	8	7	- 3	- 7
4	- 4	- 2	9	6
9	9	9	1	- 8
- 4	- 7	- 8	- 5	6

평가 | 1회 | 2회 | | 확인

실력쑥쑥

좀더 실력을 쌓아 볼까요?

1	2	3	4	5
8 − 8 6 5 − 1 7 − 6	6 6 − 2 9 − 4 8 − 3	9 − 8 7 − 5 6 4 − 3	8 − 7 8 3 − 2 9 − 4	7 − 5 6 − 8 9 − 7 3

6	7	8	9	10
8 − 6 7 − 1 2 9 − 8	9 − 3 2 − 8 7 5 8	6 1 − 7 8 − 8 9 − 6	9 1 − 8 1 − 9 4	5 4 − 8 7 − 6 2 7

11	12	13	14	15
2 7 − 8 6 7 8 − 5	5 4 − 8 7 − 5 3 9	7 − 6 7 − 8 4 5 − 7	4 − 2 7 − 4 9 4 − 8	7 − 8 1 − 9 6 5 − 7

평가   1회   2회

확인

8일차 · 실력쑥쑥

좀더 실력을 쌓아 볼까요?

1	2	3	4	5
2 − 26 87 − 57 − 8	7 − 24 − 43 − 7 − 1	6 − 65 − 78 − 86 − 9	8 − 87 − 78 − 83 − 12	5 4 − 48 − 77 − 76 − 2

6	7	8	9	10
3 5 − 56 78 − 76	8 − 89 − 97 − 74 − 67	4 19 27 − 45	9 − 62 − 28 − 88 6	5 − 57 − 63 − 48

11	12	13	14	15
9 − 93 − 14 78 − 4	8 − 87 − 88 − 89 83 − 3	6 − 14 − 83 − 27 7	4 43 − 39 − 94 87 − 7	9 − 92 − 74 − 85 53

평가

1회	2회	

확인

머릿속에 주판을 그리며 풀어 보세요.

1	9 - 8 =
2	4 - 3 =
3	7 - 6 =
4	3 - 2 =
5	8 - 8 =

6	3 + 6 - 8 =
7	9 - 8 + 7 =
8	6 + 2 - 8 =
9	8 - 5 + 4 =
10	7 + 2 - 8 =

11	12	13	14	15
9 - 8	7 - 2	9 - 4	8 - 6	6 - 1

16	17	18	19	20
7 2 - 8	6 - 5 2	9 - 8 3	5 3 - 8	8 - 7 5

평가

1회	2회

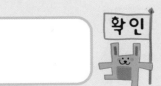

확인

68

8일차 머릿속에 주판을 그리며 풀어 보세요.

1	62 × 9 =	21	53 × 9 =
2	90 × 9 =	22	64 × 9 =
3	38 × 9 =	23	27 × 9 =
4	45 × 9 =	24	91 × 9 =
5	17 × 9 =	25	58 × 9 =
6	95 × 9 =	26	69 × 9 =
7	32 × 9 =	27	28 × 9 =
8	16 × 9 =	28	83 × 9 =
9	78 × 9 =	29	71 × 9 =
10	40 × 9 =	30	48 × 9 =
11	39 × 9 =	31	87 × 9 =
12	76 × 9 =	32	80 × 9 =
13	50 × 9 =	33	15 × 9 =
14	12 × 9 =	34	57 × 9 =
15	84 × 9 =	35	29 × 9 =
16	40 × 9 =	36	36 × 9 =
17	77 × 9 =	37	73 × 9 =
18	43 × 9 =	38	46 × 9 =
19	89 × 9 =	39	82 × 9 =
20	61 × 9 =	40	93 × 9 =

평가 | 1회 | 2회 |

확인

9의 뺄셈

9에서 9를 뺄 때는 엄지로 아래 네 알을 내리는 동시에 검지로 윗알을 올린다.

$$9 - 9 = 0$$

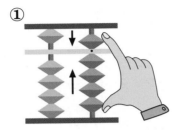

① 엄지로 아래 네 알을 올리는 동시에 검지로 윗알을 내린다.

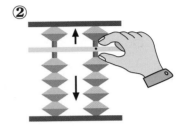

② 엄지로 아래 네 알을 내리는 동시에 검지로 윗알을 올린다.

1	2	3	4	5
8 − 3 4 − 9 7	4 − 3 8 − 9 6	5 4 − 9 8 − 6	3 5 − 2 3 − 9	1 8 7 − 7 − 9

6	7	8	9	10
2 7 − 5 5 − 9	6 2 − 8 9 − 9	5 4 − 9 2 − 1	8 − 6 4 − 1 8	9 − 4 8 6 − 9

평가 | 1회 | 2회 | | 확인

70

기초탄탄

9일차 차근차근 주판으로 해 보세요.

1	2	3	4	5
9	6	7	9	9
− 7	2	2	− 9	− 4
8	− 5	− 9	8	4
9	6	8	− 2	− 1
− 9	− 9	− 3	7	3

6	7	8	9	10
9	4	8	5	8
− 9	5	− 2	− 5	− 3
6	− 6	4	9	9
3	4	9	− 9	− 4
− 8	− 7	− 3	8	6

11	12	13	14	15
6	6	3	8	1
2	− 5	− 1	6	7
− 2	8	7	− 4	− 6
3	− 9	− 9	8	7
− 9	4	2	− 8	− 8

평가 1회 2회 확인

71

차근차근 주판으로 해 보세요.

1	2	3	4	5
7	6	7	3	1
− 5	− 5	2	6	8
7	8	− 9	− 9	− 9
− 9	− 9	8	7	9
8	4	− 3	− 2	− 7

6	7	8	9	10
6	9	4	7	9
3	− 3	− 4	− 1	− 4
− 9	8	9	4	5
7	− 2	− 5	9	9
− 6	4	7	− 8	− 9

11	12	13	14	15
9	4	9	9	8
− 7	5	2	− 9	4
3	− 9	− 1	9	− 2
4	8	8	− 6	9
− 8	− 6	− 7	2	− 9

평가　1회　2회　확인

차근차근 주판으로 해 보세요.

1	2	3	4	5
9	4	6	8	9
9	5	− 1	1	− 5
− 3	− 9	8	− 9	5
9	8	6	7	− 9
− 4	− 5	− 8	− 6	4

6	7	8	9	10
2	9	4	6	4
6	− 7	1	3	− 2
− 2	7	9	− 8	7
3	− 9	− 3	7	− 9
− 9	6	− 1	− 6	6

11	12	13	14	15
9	7	9	3	6
2	1	− 4	− 2	2
− 1	− 6	4	8	− 5
9	7	− 9	− 9	6
− 7	− 8	5	7	− 7

실력쑥쑥

좀더 실력을 쌓아 볼까요?

1	2	3	4	5
7 − 5 − 7 9 − 4 5 − 9	4 5 − 9 8 − 8 7 − 6	7 2 − 9 7 − 6 8 − 7	2 7 − 9 7 − 6 7 − 5	8 6 − 4 3 − 2 8 − 7

6	7	8	9	10
7 − 5 7 − 9 8 7 − 9	9 − 4 4 − 9 5 9 − 3	7 − 1 8 − 4 9 8 − 4	9 − 3 7 − 2 1 9 − 1	8 − 3 5 9 − 8 6 − 7

11	12	13	14	15
4 − 1 6 − 9 7 5 3	9 − 6 6 − 9 8 5 2	8 − 7 8 − 9 4 5 − 9	6 − 5 8 − 4 9 2 − 6	3 − 2 8 − 9 9 9 − 8

평가 | 1회 | 2회

확인

9일차 실력쑥쑥

좀더 실력을 쌓아 볼까요?

1	2	3	4	5
6 − 1 4 − 9 8 − 6 8	5 − 5 9 − 9 8 − 7 4	8 − 8 5 − 7 9 − 9 4 − 2	7 − 4 1 − 9 8 − 7 3	3 − 6 9 − 9 8 − 5 6 − 9

6	7	8	9	10
8 − 1 9 − 9 7 − 6 8 − 7	4 − 3 8 − 3 2 − 9 4	7 − 2 9 − 9 4 − 4 8	6 − 3 9 − 8 7 − 8 9	9 − 8 4 − 8 3 − 9 6

11	12	13	14	15
3 − 2 8 − 9 5 − 5 6	5 − 4 9 − 8 7 − 8 9	9 − 6 4 − 2 8 − 3 4	3 − 6 9 − 8 8 − 7 5	2 − 6 8 − 9 9 − 7 6

평가

1회	2회		확인

머릿속에 주판을 그리며 풀어 보세요.

1	9 – 9 =
2	7 – 6 =
3	6 – 5 =
4	8 – 7 =
5	9 – 8 =

6	9 – 9 + 9 =
7	2 + 7 – 0 =
8	9 – 4 + 5 =
9	6 + 3 – 8 =
10	9 – 7 + 4 =

11	12	13	14	15
9 – 9	4 – 3	7 – 5	6 – 1	8 – 2

16	17	18	19	20
1 8 – 9	6 2 – 8	9 – 8 3	7 2 – 9	8 – 3 4

머릿속에 주판을 그리며 풀어 보세요.

1	75 × 9 =	21	86 × 2 =
2	69 × 3 =	22	70 × 9 =
3	38 × 7 =	23	49 × 5 =
4	41 × 5 =	24	52 × 8 =
5	20 × 8 =	25	13 × 4 =
6	21 × 2 =	26	68 × 7 =
7	14 × 6 =	27	41 × 5 =
8	83 × 4 =	28	97 × 6 =
9	96 × 3 =	29	25 × 9 =
10	57 × 7 =	30	13 × 3 =
11	64 × 5 =	31	95 × 7 =
12	58 × 9 =	32	50 × 5 =
13	27 × 8 =	33	31 × 8 =
14	30 × 6 =	34	26 × 2 =
15	91 × 4 =	35	89 × 6 =
16	45 × 2 =	36	47 × 4 =
17	82 × 3 =	37	86 × 3 =
18	78 × 9 =	38	21 × 7 =
19	93 × 2 =	39	38 × 4 =
20	18 × 8 =	40	95 × 6 =

평가

1회	2회	

확인

5를 이용한 1의 뺄셈

10일차

5에서 1을 뺄 때는 엄지로 아래 네 알을 올리는 동시에 검지로 윗알을 올린다.

$$5 - 1 = 4$$

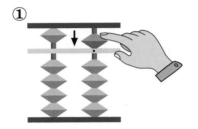

① 검지로 윗알을 내린다.

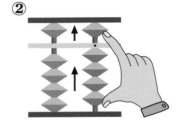

② 엄지로 아래 네 알을 올리는 동시에 검지로 윗알을 올린다.

1	2	3	4	5
4 - 1 - 5 - 8	7 - 7 - 5 6	9 - 3 - 9 4	3 2 - 1 - 3 - 6	7 - 2 6 4 - 1

6	7	8	9	10
9 - 5 - 4 7 3	5 - 1 8 3 - 1	3 2 - 1 5 - 9	5 9 - 1 - 4	4 5 - 7 6 - 3

평가

1회	2회

확인

기초탄탄

10일차

차근차근 주판으로 해 보세요.

1	2	3	4	5
9	7	5	8	1
6	8	− 1	7	7
− 1	− 1	3	− 1	− 3
2	4	− 2	2	9
− 5	− 7	6	− 6	− 4

6	7	8	9	10
8	4	7	6	5
− 7	− 2	− 6	9	− 1
6	3	4	− 1	4
4	− 1	− 1	1	− 8
− 1	1	2	− 5	7

11	12	13	14	15
3	7	9	2	9
− 3	3	− 6	3	− 4
5	9	− 2	− 1	8
− 1	− 1	4	5	3
2	− 8	7	− 9	− 6

평가

1회	2회

확인

79

기초탄탄

차근차근 주판으로 해 보세요.

1	2	3	4	5
3	1	8	9	2
− 2	4	7	− 8	3
4	− 1	− 1	− 1	− 1
− 1	5	3	9	8
2	− 7	− 6	1	− 2

6	7	8	9	10
4	6	6	8	9
− 1	− 6	3	− 5	− 4
5	5	− 5	2	7
4	− 1	− 3	− 1	6
− 2	1	9	6	− 3

11	12	13	14	15
7	7	6	5	8
2	− 1	3	− 1	3
6	8	− 8	3	8
− 1	5	4	− 7	6
− 4	− 9	− 1	8	− 9

평가

1회	2회

확인

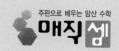

10일차 차근차근 주판으로 해 보세요.

1	2	3	4	5
2	5	6	4	8
7	− 1	3	− 2	− 7
− 6	2	− 7	7	4
− 1	− 6	3	6	− 1
8	9	− 1	− 1	3

6	7	8	9	10
5	8	6	9	7
− 5	2	9	6	8
4	9	− 1	− 1	− 5
1	− 1	4	4	9
− 1	− 3	5	− 8	− 8

11	12	13	14	15
6	2	7	3	8
8	7	5	2	− 1
− 4	− 9	− 1	− 1	7
5	9	4	4	5
− 1	− 8	− 1	− 7	− 6

평가 | 1회 | 2회 | | 확인

81

실력쑥쑥

좀더 실력을 쌓아 볼까요?

1	2	3	4	5

9
− 5
− 1
  1
− 4
  7
− 1
	7
	− 5
	  2
	− 5
	  1
	  3
	− 7
		6
		8
		− 1
		  3
		− 9
		  8
		− 4
			6
			3
			− 9
			  5
			  1
			  5
			− 6
				9
				4
				− 1
				  2
				  3
				  4
				− 2

6	7	8	9	10

1
8
− 7
  8
  9
− 5
− 3
	5
	− 1
	  2
	− 5
	  7
	− 6
	  3
		9
		6
		− 2
		  1
		  4
		− 8
		  5
			5
			7
			− 1
			  4
			− 1
			  5
			− 8
				2
				3
				1
				6
				− 9
				  5
				− 4

11	12	13	14	15

8
7
8
− 4
  4
  3
− 2
	4
	4
	− 5
	  1
	  5
	  2
	− 1
		9
		1
		3
		2
		− 8
		  3
		  6
			5
			6
			1
			− 9
			  8
			  8
			− 9
				8
				3
				1
				− 9
				  4
				  8
				− 1

평가

1회	2회

확인

실력쑥쑥

10일차 좀더 실력을 쌓아 볼까요?

1	2	3	4	5
8	9	6	4	3
3	−7	9	5	4
−4	3	−1	−6	−7
−1	−1	3	2	9
−2	9	6	1	4
−1	−3	8	8	8
		−9	−2	−2

6	7	8	9	10
5	4	5	7	8
−1	−1	−1	8	5
5	1	5	−1	7
8	6	4	4	9
9	−9	−1	8	4
9	2	3	9	3
−5	7	5	6	8

11	12	13	14	15
9	8	9	1	5
−9	−7	−9	4	−9
4	5	8	1	9
6	−5	8	9	3
2	1	−3	2	7
3	3	7	4	2
5	−1	2	−1	9
−1		6		

평가

1회	2회

확인

암산술술

머릿속에 주판을 그리며 풀어 보세요.

1	$5 - 1 =$
2	$7 - 6 =$
3	$8 - 7 =$
4	$9 - 9 =$
5	$6 - 5 =$

6	$2 + 3 - 1 =$
7	$4 - 1 + 7 =$
8	$6 - 1 + 5 =$
9	$7 + 2 - 8 =$
10	$5 - 1 + 8 =$

11	12	13	14	15
5 − 1	4 − 3	3 − 2	7 − 5	9 − 4

16	17	18	19	20
7 2 − 9	9 − 6 2	4 1 − 1	6 − 5 7	3 6 − 8

평가

1회	2회

확인

암산술술

머릿속에 주판을 그리며 풀어 보세요.

1	15 × 6 =	21	46 × 3 =
2	42 × 8 =	22	92 × 5 =
3	78 × 4 =	23	59 × 7 =
4	39 × 2 =	24	82 × 9 =
5	65 × 7 =	25	19 × 2 =
6	98 × 5 =	26	45 × 4 =
7	61 × 3 =	27	70 × 6 =
8	24 × 9 =	28	63 × 8 =
9	73 × 8 =	29	41 × 9 =
10	48 × 2 =	30	36 × 2 =
11	75 × 6 =	31	79 × 8 =
12	18 × 4 =	32	28 × 3 =
13	62 × 9 =	33	85 × 7 =
14	29 × 3 =	34	37 × 4 =
15	53 × 7 =	35	64 × 5 =
16	89 × 5 =	36	90 × 6 =
17	14 × 9 =	37	25 × 7 =
18	77 × 2 =	38	18 × 5 =
19	29 × 6 =	39	93 × 8 =
20	83 × 3 =	40	20 × 4 =

평가

1회	2회	

확인

핵심콕콕

11일차

10을 이용한 1의 뺄셈

10에서 1을 뺄 때는 십의 자리에서 엄지로 아래 한 알을 내리고 일의 자리에서 엄지로 아래 네 알을 올리는 동시에 검지로 윗알을 내린다.

$$10 - 1 = 9$$

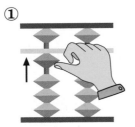

① 십의 자리에서 엄지로 아래 한 알을 올린다.

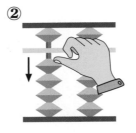

② 십의 자리에서 엄지로 아래 한 알을 내린다.

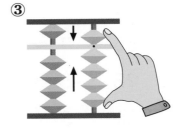

③ 일의 자리에서 엄지로 아래 네 알을 올리는 동시에 검지로 윗알을 내린다.

1	2	3	4	5
9 - 1 - 7 - 5	3 - 2 9 - 1 4	4 5 - 7 8 - 1	5 - 1 6 - 1 3	8 5 2 5 - 1

6	7	8	9	10
9 - 4 6 - 1 2	3 7 - 1 9 - 8	4 1 5 - 1 9	2 3 - 1 6 - 1	7 - 6 4 - 1 2

평가 | 1회 | 2회 |

확인

기초탄탄 · 11일차

차근차근 주판으로 해 보세요.

1	2	3	4	5
9	5	8	4	7
− 9	9	6	5	3
9	− 4	− 4	− 7	− 1
1	− 1	− 1	8	− 5
− 1	2	1	− 1	3

6	7	8	9	10
6	8	6	4	7
4	− 7	7	− 1	− 6
− 1	6	− 3	1	9
7	− 5	− 1	5	1
− 6	2	4	− 4	− 6

11	12	13	14	15
9	2	7	5	6
− 8	8	− 2	− 1	− 1
7	− 1	8	6	5
2	− 8	− 3	− 1	− 1
− 1	4	9	9	7

평가 | 1회 | 2회 | | 확인

기초탄탄 · **11일차**

차근차근 주판으로 해 보세요.

1	2	3	4	5

4
− 3
  9
− 1
  3
	6
	4
	− 1
	8
	− 7
		7
		− 6
		4
		− 1
		3
			5
			4
			− 8
			9
			− 1
				9
				− 5
				6
				− 1
				2

6	7	8	9	10
6 3 − 9 5 − 1	2 8 − 1 9 − 8	7 − 2 9 − 4 1	9 − 6 7 − 1 1	4 − 1 2 5 − 1

11	12	13	14	15
6 7 − 3 − 1 6	5 8 − 2 8 − 9	8 6 − 4 9 − 7	6 − 5 4 − 1 7	9 8 4 − 1 − 1

평가 1회 2회 확인

기초탄탄

11일차

차근차근 주판으로 해 보세요.

1	2	3	4	5
8 − 6 8 − 1 4	3 7 − 1 5 − 2	4 9 3 − 5 − 1	9 − 7 3 − 1 6	7 3 − 1 9 − 8

6	7	8	9	10
6 8 − 4 − 1 2	5 − 1 4 − 2 7	1 8 1 − 1 − 9	5 9 1 − 6 − 4	8 − 7 9 − 1 5

11	12	13	14	15
7 − 5 8 − 1 6	6 − 1 − 1 3 6	2 8 − 1 7 − 6	9 − 7 6 − 8 4	7 8 − 1 6 − 1

평가

1회	2회

확인

실력쑥쑥

좀더 실력을 쌓아 볼까요?

	1	2	3	4	5

```
    1          2          3          4          5

    9          8          7          9          3
 -  4       -  2       -  1       -  1       -  5
    5          6       -  8       -  8       -  8
 -  1       -  1          7       -  4       -  9
    4          9       -  9       -  9       -  5
    7       -  3          6          2          1
 -  1
```

	6	7	8	9	10

```
    6          7          8          9         10

    4          8          5          4          5
 -  1       -  6       -  6          5          5
    2          8          4          8       -  1
    8       -  1       -  1          9       -  3
 -  3          7          6       -  1          8
    1          7       -  1          8       -  1
 -  6       -  2          9          7          5
```

	11	12	13	14	15

```
   11         12         13         14         15

    8          2          6          9          7
    7          3       -  1       -  7       -  2
 -  1          1          5          2          5
    6       -  4       -  1          5       -  1
 -  1          6          4          9          9
    8       -  4       -  9       -  5          8
    4          5          4          8          6
```

실력쑥쑥

좀더 실력을 쌓아 볼까요?

1	2	3	4	5
6	5	7	7	9
− 4	− 1	− 2	− 8	− 8
1	6	5	1	4
− 7	1	1	6	− 9
6	9	− 3	1	4
9	2	7	5	− 8
− 1	− 1	− 9	− 3	7

6	7	8	9	10
2	4	5	6	9
2	1	4	4	− 8
− 7	− 5	− 8	1	9
5	8	9	− 9	− 1
3	7	1	7	5
7	8	5	2	− 2
− 3	− 8	− 5	6	8
1	6	4		

11	12	13	14	15
8	8	3	7	2
1	2	7	2	8
− 6	− 9	1	8	1
5	1	− 8	− 4	− 9
− 1	3	7	1	6
3	− 7	8	6	8
− 1	8	6	1	1

평가

1회   2회

확인

91

머릿속에 주판을 그리며 풀어 보세요.

#	식	#	식
1	10 − 1 =	6	6 + 4 − 1 =
2	5 − 1 =	7	8 − 5 + 3 =
3	6 − 6 =	8	7 + 3 − 1 =
4	8 − 3 =	9	9 − 4 + 7 =
5	7 − 2 =	10	5 + 5 − 1 =

11	12	13	14	15
9 − 1	8 − 7	9 − 8	7 − 5	5 − 1

16	17	18	19	20
8 2 − 1	9 − 1 7	5 5 − 1	3 6 − 9	5 − 1 2

평가

1회	2회

확인

92

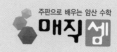

1	23 × 2 =	21	57 × 6 =
2	15 × 8 =	22	96 × 8 =
3	87 × 3 =	23	49 × 4 =
4	40 × 9 =	24	14 × 2 =
5	78 × 7 =	25	20 × 7 =
6	64 × 4 =	26	46 × 9 =
7	37 × 9 =	27	85 × 3 =
8	82 × 6 =	28	28 × 5 =
9	45 × 8 =	29	73 × 2 =
10	26 × 7 =	30	30 × 4 =
11	10 × 5 =	31	19 × 6 =
12	83 × 2 =	32	68 × 8 =
13	56 × 8 =	33	71 × 3 =
14	79 × 6 =	34	94 × 5 =
15	35 × 4 =	35	36 × 7 =
16	74 × 3 =	36	31 × 9 =
17	61 × 9 =	37	59 × 3 =
18	92 × 7 =	38	23 × 5 =
19	80 × 5 =	39	76 × 4 =
20	97 × 2 =	40	49 × 6 =

평가 | 1회 | 2회 |

확인

93

핵심콕콕

5를 이용한 2의 뺄셈

5, 6에서 2을 뺄 때는 엄지로 아래 세 알을 올리는 동시에 검지로 윗알을 올린다.

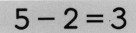

$$5 - 2 = 3$$

①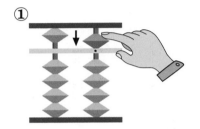

검지로 윗알을 내린다.

②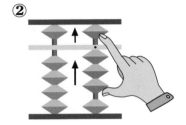

엄지로 아래 세 알을 올리는 동시에
검지로 윗알을 올린다.

1	2	3	4	5
8 − 7 4 − 8	9 − 6 3 − 2 2	7 3 − 1 6 − 2	7 − 1 5 − 2 2	2 4 − 2 6 − 1

6	7	8	9	10
4 − 1 2 7 − 1	4 − 3 9 − 1 7	5 − 2 2 − 1 3	6 − 2 6 − 1 9	5 − 2 8 4 − 1

평가

1회	2회

확인

기초탄탄

12일차

차근차근 주판으로 해 보세요.

1	2	3	4	5
5	7	9	9	3
− 2	− 2	4	6	2
3	5	− 3	− 2	9
− 2	− 1	5	3	− 4
4	2	− 1	− 2	− 1

6	7	8	9	10
7	8	2	6	5
8	7	4	9	− 1
− 2	− 2	− 2	− 2	6
2	6	1	6	− 1
− 1	− 9	− 5	− 8	5

11	12	13	14	15
9	7	6	5	8
− 6	3	− 2	4	− 5
3	− 1	6	− 7	2
7	7	− 1	4	− 1
− 1	− 2	1	− 2	3

평가 1회 2회 확인

차근차근 주판으로 해 보세요.

1	2	3	4	5
8 - 7 4 - 2 9	6 - 2 1 - 2 3	9 - 3 4 - 1 2	7 8 - 2 2 - 1	4 - 1 2 - 2 7

6	7	8	9	10
8 6 - 4 - 1 3	5 - 2 6 6 - 2	9 - 8 9 - 1 1	7 3 - 1 5 - 2	7 8 1 4 - 6

11	12	13	14	15
2 7 - 5 1 - 2	2 4 - 2 1 - 1	1 9 - 1 6 2	3 6 - 9 5 - 1	8 - 3 5 - 1 2

평가

1회	2회	

확인

기초탄탄

12일차 차근차근 주판으로 해 보세요.

1	2	3	4	5
6	5	4	6	8
9	− 2	2	− 2	6
− 2	− 7	− 2	4	− 2
− 2	− 1	− 1	− 7	3
− 1	6	− 2	4	− 1

6	7	8	9	10
5	8	3	7	6
9	− 3	7	− 6	2
− 4	5	− 1	8	− 8
− 1	− 1	6	1	3
3	4	− 2	− 1	− 2

11	12	13	14	15
9	7	4	6	5
− 8	9	1	8	2
4	− 2	− 2	− 1	− 7
− 2	1	7	2	1
8	− 5	− 1	− 1	− 2

평가 | 1회 | 2회 | | 확인

97

실력쑥쑥 좀더 실력을 쌓아 볼까요?

	1	2	3	4	5

1
```
  8
− 6
  3
− 2
  4
  8
− 2
```

2
```
  6
− 6
  2
− 1
  2
  7
− 1
  6
```

3
```
  6
  9
− 2
  3
− 2
  4
− 7
```

4
```
  4
  2
− 2
  6
− 1
  9
− 8
```

5
```
  5
  1
− 3
  6
− 2
  8
− 4
```

	6	7	8	9	10

6
```
  2
  8
− 1
  6
  2
− 2
  1
```

7
```
  8
− 5
  3
  9
  4
  6
− 9
```

8
```
  7
− 5
  4
  8
  1
− 3
  6
```

9
```
  9
  6
− 2
  1
  3
  7
− 4
```

10
```
  8
  2
− 1
  4
  1
− 5
  3
```

	11	12	13	14	15

11
```
  1
  5
− 2
  1
  2
  3
− 2
```

12
```
  5
− 1
  2
  2
  4
− 8
  9
```

13
```
  3
  7
− 1
  6
  2
− 3
  2
```

14
```
  6
  2
  4
− 7
  4
  2
− 6
```

15
```
  5
  1
− 2
  2
  9
  3
− 8
```

평가 1회   2회

확인

실력쑥쑥

12일차 좀더 실력을 쌓아 볼까요?

1	2	3	4	5
8 − 3 − 2 6 7 2 − 6	6 − 5 − 4 2 3 − 9 − 1	5 − 52 − 71 − 62 2	9 − 92 − 82 − 64 − 3	5 − 16 − 12 87 − 7

6	7	8	9	10
8 − 64 − 15 46 − 6	9 − 86 − 17 − 21	5 − 12 92 − 32 − 2	8 − 29 92 − 32 7	9 − 95 − 27 − 13

11	12	13	14	15
9 − 51 − 27 − 15	7 − 31 − 62 − 32	2 − 41 − 91 − 23	9 48 − 86 73 − 1	7 68 − 88 − 11

평가

1회	2회		

확인

12일차 암산슬슬

머릿속에 주판을 그리며 풀어 보세요.

1	5 − 2 =	6	9 + 8 − 6 =
2	7 − 5 =	7	5 − 1 + 8 =
3	6 − 2 =	8	8 + 1 − 7 =
4	8 − 3 =	9	6 − 2 + 3 =
5	9 − 4 =	10	7 + 3 − 1 =

11	12	13	14	15
6 − 2	9 − 7	5 − 2	9 − 8	4 − 2

16	17	18	19	20
5 2 7	3 3 − 2	2 4 − 2	6 − 2 1	3 2 − 2

평가

1회	2회

확인

100

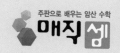

12일차

머릿속에 주판을 그리며 풀어 보세요.

1	28 × 6 =	21	73 × 3 =
2	36 × 8 =	22	81 × 9 =
3	89 × 4 =	23	90 × 8 =
4	91 × 2 =	24	46 × 2 =
5	70 × 7 =	25	52 × 6 =
6	19 × 9 =	26	37 × 3 =
7	54 × 3 =	27	78 × 8 =
8	38 × 5 =	28	43 × 6 =
9	72 × 2 =	29	56 × 7 =
10	80 × 9 =	30	27 × 4 =
11	26 × 3 =	31	40 × 2 =
12	89 × 8 =	32	58 × 7 =
13	53 × 4 =	33	67 × 9 =
14	41 × 7 =	34	13 × 5 =
15	84 × 6 =	35	29 × 4 =
16	93 × 5 =	36	37 × 8 =
17	10 × 3 =	37	92 × 6 =
18	57 × 9 =	38	76 × 7 =
19	63 × 2 =	39	85 × 5 =
20	36 × 5 =	40	69 × 4 =

평가

1회	2회	

확인

핵심콕콕

13일차

10을 이용한 2의 뺄셈

10, 11에서 2를 뺄 때는 십의 자리에서 엄지로 한 알을 내리고, 일의 자리에서 엄지로 아래 세 알을 올리는 동시에 검지로 윗알을 내린다.

$$11 - 2 = 9$$

①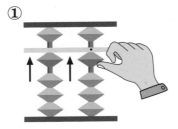

십의 자리에서 엄지로 아래 한 알을 올리고, 일의 자리에서 엄지로 아래 한 알을 올린다.

②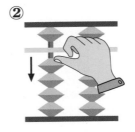

십의 자리에서 엄지로 아래 한 알을 내린다.

③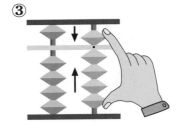

일의 자리에서 엄지로 아래 세 알을 올리는 동시에 검지로 윗알을 내린다.

1	2	3	4	5
9 − 4 7 − 2 3	2 3 − 2 8 − 2	4 − 1 7 − 2 4	4 2 − 2 6 − 2	7 3 − 2 2 − 1

6	7	8	9	10
9 6 − 1 6 − 1	4 − 2 8 − 2 5	5 − 1 7 − 2 3	7 3 − 2 3 − 2	6 2 − 1 2 − 4

평가

1회	2회	

확인

102

기초탄탄

13일차

차근차근 주판으로 해 보세요.

1	2	3	4	5

8
− 3
  5
− 2
  3
	5
	− 1
	  6
	− 2
	  4
		7
		  3
		− 2
		  2
		− 1
			5
			  6
			− 2
			  7
			− 2
				8
				  3
				− 2
				  9
				− 7

6	7	8	9	10

9
  1
− 2
  8
− 5
	4
	  6
	− 2
	  7
	− 1
		9
		− 6
		  8
		− 2
		  4
			5
			− 2
			  9
			  3
			− 2
				9
				− 8
				  9
				− 2
				  6

11	12	13	14	15

5
− 2
  7
− 1
  2
	6
	  5
	− 2
	− 4
	  8
		9
		− 9
		  6
		− 2
		  1
			5
			  6
			− 2
			  6
			− 1
				1
				  9
				  2
				− 2
				− 1

평가 1회 2회 확인

기초탄탄

차근차근 주판으로 해 보세요.

1	2	3	4	5
6	5	6	4	5
8	− 2	− 2	2	− 1
− 2	− 7	3	− 2	7
7	2	7	6	− 2
− 9	6	− 4	− 2	3

6	7	8	9	10
2	7	6	8	3
8	− 5	− 2	3	8
− 2	8	6	− 2	2
− 3	− 2	1	1	1
9	6	− 4	− 2	− 1

11	12	13	14	15
4	9	7	8	5
− 1	1	7	7	8
4	− 2	− 4	− 1	− 3
2	1	2	6	6
− 6	− 8	5	− 1	− 2

평가

1회	2회	

확인

기초탄탄

13일차 차근차근 주판으로 해 보세요.

1	2	3	4	5
5	9	9	6	5
− 2	− 4	6	− 2	− 2
6	5	− 2	7	7
1	− 2	8	− 2	− 1
− 2	3	− 2	2	4

6	7	8	9	10
7	8	9	7	4
9	− 3	2	4	3
− 2	5	− 2	− 2	8
7	− 2	− 7	1	− 1
− 2	6	4	− 1	− 2

11	12	13	14	15
3	8	4	6	9
2	− 6	1	9	3
− 5	4	− 2	− 1	− 1
9	− 2	7	7	9
− 8	1	− 2	− 2	− 1

평가 | 1회 | 2회

확인

좀더 실력을 쌓아 볼까요?

1	2	3	4	5
7 − 2 5 − 1 4 7 − 2	7 3 2 − 2 2 1 − 8 7	5 2 2 − 2 1 − 4 3 − 9	9 4 2 − 2 3 − 3 4 − 6 2	9 − 9 6 − 7 2 − 3 2 1

6	7	8	9	10
9 − 8 4 − 2 6 − 5 3	8 3 2 − 2 1 − 2 3 − 2	6 − 5 9 − 1 8 − 7 4	4 6 2 − 3 1 − 2 8	4 1 2 − 6 9 − 8 6

11	12	13	14	15
7 3 2 − 3 2 − 2 1 6	9 − 5 1 − 2 4 − 8 1	6 2 6 − 6 1 9 − 8 7	1 9 2 2 1 − 4 7	8 1 8 − 9 2 − 3 2

실력쑥쑥

13일차 좀더 실력을 쌓아 볼까요?

1	2	3	4	5
7 4 − 2 5 − 3 2 7	2 4 − 2 − 6 − 2 − 8 − 2	6 4 − 7 − 1 − 6 − 1	6 − 2 − 2 − 4 − 8 − 2	9 − 2 − 1 − 9 − 8

6	7	8	9	10
6 − 2 3 − 6 8 3 − 2	5 6 − 2 6 − 1 − 6 − 2	3 7 − 2 − 7 9 − 1 2	6 8 − 4 9 − 3 − 1 7	5 9 1 1 − 2 − 2 − 4

11	12	13	14	15
8 5 7 − 2 6 − 2 7	4 6 − 2 2 − 1 − 6 − 2	1 8 9 − 5 1 − 3 6	9 1 5 − 6 9 8 − 7	6 2 7 8 5 − 4 8

평가 1회   2회

확인

암산술술

머릿속에 주판을 그리며 풀어 보세요.

1	10 – 2 =
2	5 – 2 =
3	11 – 2 =
4	15 – 2 =
5	16 – 2 =

6	5 – 2 + 8 =
7	6 + 9 – 2 =
8	6 – 2 + 1 =
9	8 + 3 – 2 =
10	9 – 4 + 6 =

11	12	13	14	15
5 – 2	7 – 6	9 – 1	8 – 7	9 – 8

16	17	18	19	20
7 3 – 2	6 – 2 4	4 6 – 2	5 – 2 3	8 2 – 2

평가

1회	2회

확인

13일차

머릿속에 주판을 그리며 풀어 보세요.

1	56 × 4 =	21	27 × 5 =
2	81 × 7 =	22	39 × 7 =
3	74 × 6 =	23	20 × 3 =
4	60 × 3 =	24	15 × 9 =
5	95 × 2 =	25	66 × 4 =
6	23 × 9 =	26	38 × 6 =
7	58 × 8 =	27	43 × 2 =
8	82 × 5 =	28	64 × 8 =
9	14 × 7 =	29	99 × 7 =
10	47 × 5 =	30	17 × 2 =
11	35 × 3 =	31	28 × 4 =
12	87 × 9 =	32	95 × 3 =
13	62 × 2 =	33	36 × 9 =
14	31 × 4 =	34	13 × 6 =
15	26 × 6 =	35	29 × 8 =
16	87 × 8 =	36	45 × 2 =
17	49 × 7 =	37	74 × 4 =
18	58 × 3 =	38	56 × 6 =
19	14 × 5 =	39	21 × 8 =
20	65 × 9 =	40	83 × 3 =

평가

1회	2회

확인

꼼꼼마무리

종합연습문제

1	2	3	4	5
9 − 7 3 9 − 4 6 − 2	3 5 − 8 9 − 7 4 − 6	7 − 6 9 − 1 − 8 7 3	4 1 − 2 − 7 2 9 − 9	9 − 4 2 7 6 − 2 − 3

6	7	8	9	10
6 − 5 8 − 3 4 9 − 9	5 6 − 1 − 1 2 7 − 8	4 2 − 5 − 6 8 1 − 1	3 4 8 − 1 6 − 2 − 3	7 8 − 5 8 − 3 − 1 2

11	12	13	14	15
8 3 2 − 1 9 − 1 7	9 − 2 − 6 5 8 1 − 2	6 9 5 − 1 − 3 5 7	7 − 9 5 1 − 4 6	4 8 − 2 1 − 6 5 9

평가

1회	2회	

확인

주판으로 풀어 보세요.

1	8 − 2 =
2	3 − 1 =
3	6 − 5 =
4	9 − 7 =
5	9 − 8 =

6	8 + 2 − 1 =
7	5 − 2 + 4 =
8	9 + 5 − 4 =
9	8 − 3 + 6 =
10	2 + 7 − 9 =

11	12	13	14	15
8 − 3	9 − 4	5 − 1	8 − 2	9 − 9

16	17	18	19	20
8 6 − 3	9 − 7 8	4 6 − 1	6 − 2 3	4 5 − 8

평가

1회	2회

확인

꼼꼼마무리

주판으로 풀어 보세요.

1	23 × 9 =	21	31 × 2 =
2	45 × 7 =	22	82 × 4 =
3	90 × 5 =	23	25 × 6 =
4	67 × 3 =	24	38 × 8 =
5	78 × 8 =	25	80 × 3 =
6	89 × 6 =	26	71 × 5 =
7	56 × 4 =	27	49 × 7 =
8	10 × 2 =	28	14 × 9 =
9	12 × 9 =	29	85 × 2 =
10	28 × 3 =	30	92 × 8 =
11	95 × 5 =	31	75 × 6 =
12	40 × 7 =	32	21 × 4 =
13	83 × 8 =	33	96 × 3 =
14	17 × 2 =	34	38 × 9 =
15	72 × 4 =	35	50 × 5 =
16	51 × 6 =	36	42 × 7 =
17	63 × 9 =	37	93 × 4 =
18	74 × 2 =	38	61 × 7 =
19	97 × 8 =	39	97 × 6 =
20	19 × 3 =	40	48 × 5 =

평가

1회	2회

확인

뺄셈
해답

5단계

6쪽 — 핵심콕콕

①	②	③	④	⑤	⑥	⑦	⑧	⑨	⑩
10	16	16	17	20	20	11	13	16	16

7쪽 — 기초탄탄

①	②	③	④	⑤	⑥	⑦	⑧	⑨	⑩
16	17	19	13	13	22	10	10	11	15
⑪	⑫	⑬	⑭	⑮					
18	12	15	15	11					

8쪽 — 기초탄탄

①	②	③	④	⑤	⑥	⑦	⑧	⑨	⑩
17	10	13	15	20	12	13	11	14	11
⑪	⑫	⑬	⑭	⑮					
17	10	16	10	14					

9쪽 — 기초탄탄

①	②	③	④	⑤	⑥	⑦	⑧	⑨	⑩
17	16	16	14	15	18	18	16	11	16
⑪	⑫	⑬	⑭	⑮					
15	17	11	10	15					

10쪽 — 실력쑥쑥

①	②	③	④	⑤	⑥	⑦	⑧	⑨	⑩
25	21	22	21	21	20	16	15	18	24
⑪	⑫	⑬	⑭	⑮					
16	20	16	12	24					

11쪽 — 실력쑥쑥

①	②	③	④	⑤	⑥	⑦	⑧	⑨	⑩
16	23	17	22	23	23	18	20	15	25
⑪	⑫	⑬	⑭	⑮					
23	16	22	22	22					

12쪽 — 암산술술

①	②	③	④	⑤	⑥	⑦	⑧	⑨	⑩
0	5	1	6	2	13	11	4	7	11
⑪	⑫	⑬	⑭	⑮	⑯	⑰	⑱	⑲	⑳
8	1	7	3	6	12	4	3	8	0

13쪽 — 암산술술

①	②	③	④	⑤	⑥	⑦	⑧	⑨	⑩
96	42	100	78	134	112	164	188	146	20
⑪	⑫	⑬	⑭	⑮	⑯	⑰	⑱	⑲	⑳
196	102	144	120	86	108	34	72	56	180
㉑	㉒	㉓	㉔	㉕	㉖	㉗	㉘	㉙	㉚
174	80	122	118	46	156	28	138	110	70
㉛	㉜	㉝	㉞	㉟	㊱	㊲	㊳	㊴	㊵
194	52	76	142	92	126	152	30	178	130

14쪽 — 핵심콕콕

①	②	③	④	⑤	⑥	⑦	⑧	⑨	⑩
18	21	11	11	15	13	15	15	14	16

15쪽 — 기초탄탄

①	②	③	④	⑤	⑥	⑦	⑧	⑨	⑩
20	12	15	16	18	15	11	20	15	15
⑪	⑫	⑬	⑭	⑮					
18	11	14	10	18					

16쪽 — 기초탄탄

①	②	③	④	⑤	⑥	⑦	⑧	⑨	⑩
14	17	12	12	13	16	15	15	16	20
⑪	⑫	⑬	⑭	⑮					
11	17	11	11	16					

17쪽 — 기초탄탄

①	②	③	④	⑤	⑥	⑦	⑧	⑨	⑩
15	12	14	17	20	10	14	15	20	17
⑪	⑫	⑬	⑭	⑮					
10	16	11	11	11					

18쪽 — 실력쑥쑥

①	②	③	④	⑤	⑥	⑦	⑧	⑨	⑩
17	24	22	25	22	15	20	18	22	19
⑪	⑫	⑬	⑭	⑮					
17	23	16	15	21					

19쪽 — 실력쑥쑥

①	②	③	④	⑤	⑥	⑦	⑧	⑨	⑩
15	22	22	22	16	15	18	20	20	20
⑪	⑫	⑬	⑭	⑮					
19	12	15	25	20					

20쪽 — 암산술술

①	②	③	④	⑤	⑥	⑦	⑧	⑨	⑩
2	5	1	6	7	2	4	6	8	8
⑪	⑫	⑬	⑭	⑮	⑯	⑰	⑱	⑲	⑳
1	8	6	3	5	10	15	8	7	9

21쪽 — 암산술술

①	②	③	④	⑤	⑥	⑦	⑧	⑨	⑩
267	45	81	204	138	39	225	276	258	201
⑪	⑫	⑬	⑭	⑮	⑯	⑰	⑱	⑲	⑳
102	144	150	117	228	69	153	147	180	261
㉑	㉒	㉓	㉔	㉕	㉖	㉗	㉘	㉙	㉚
216	177	114	120	105	162	111	48	84	270
㉛	㉜	㉝	㉞	㉟	㊱	㊲	㊳	㊴	㊵
294	51	210	78	129	54	288	222	264	195

22쪽 — 핵심콕콕

①	②	③	④	⑤	⑥	⑦	⑧	⑨	⑩
15	17	11	15	15	20	13	12	10	15

23쪽 — 기초탄탄

①	②	③	④	⑤	⑥	⑦	⑧	⑨	⑩
18	20	16	11	10	10	10	10	11	16
⑪	⑫	⑬	⑭	⑮					
10	15	10	12	11					

24쪽 — 기초탄탄

①	②	③	④	⑤	⑥	⑦	⑧	⑨	⑩
20	11	15	10	14	10	12	20	11	15
⑪	⑫	⑬	⑭	⑮					
17	15	11	16	15					

25쪽 — 기초탄탄

①	②	③	④	⑤	⑥	⑦	⑧	⑨	⑩
12	11	10	18	20	10	15	16	15	11
⑪	⑫	⑬	⑭	⑮					
10	11	11	16	11					

26쪽 — 실력쑥쑥

①	②	③	④	⑤	⑥	⑦	⑧	⑨	⑩
16	17	21	23	21	15	21	10	17	16
⑪	⑫	⑬	⑭	⑮					
21	15	21	15	24					

27쪽 — 실력쑥쑥

①	②	③	④	⑤	⑥	⑦	⑧	⑨	⑩
21	16	20	11	18	16	20	15	16	16
⑪	⑫	⑬	⑭	⑮					
15	20	15	20	18					

28쪽 — 암산술술

①	②	③	④	⑤	⑥	⑦	⑧	⑨	⑩
1	5	0	6	5	11	4	10	7	6
⑪	⑫	⑬	⑭	⑮	⑯	⑰	⑱	⑲	⑳
2	5	6	6	6	9	15	10	0	14

1	2	3	4	5	6	7	8	9	10
260	192	288	156	324	116	296	272	224	172
11	12	13	14	15	16	17	18	19	20
104	200	68	356	360	112	244	148	180	84
21	22	23	24	25	26	27	28	29	30
332	160	380	304	208	60	376	240	312	168
31	32	33	34	35	36	37	38	39	40
56	152	384	316	128	276	164	328	228	76

4일차   4의 뺄셈

30 쪽   핵심콕콕

1	2	3	4	5	6	7	8	9	10
11	13	5	15	11	14	15	14	11	12

31 쪽   기초탄탄

1	2	3	4	5	6	7	8	9	10
16	15	15	11	10	11	10	15	16	10
11	12	13	14	15					
10	15	6	15	15					

32 쪽   기초탄탄

1	2	3	4	5	6	7	8	9	10
15	10	16	20	15	21	15	10	11	11
11	12	13	14	15					
15	16	15	10	15					

33 쪽   기초탄탄

1	2	3	4	5	6	7	8	9	10
10	14	7	11	10	6	15	17	10	15
11	12	13	14	15					
15	10	10	10	10					

34 쪽   실력쑥쑥

1	2	3	4	5	6	7	8	9	10
20	15	21	10	10	21	15	5	15	21
11	12	13	14	15					
11	20	25	21	15					

35 쪽   실력쑥쑥

1	2	3	4	5	6	7	8	9	10
21	15	12	15	16	20	15	20	20	20
11	12	13	14	15					
16	15	16	15	20					

36 쪽   암산술술

1	2	3	4	5	6	7	8	9	10
0	1	6	5	5	8	5	5	8	0
11	12	13	14	15	16	17	18	19	20
5	1	1	5	5	9	10	6	6	8

37 쪽   암산술술

1	2	3	4	5	6	7	8	9	10
175	310	470	355	435	455	140	250	185	340
11	12	13	14	15	16	17	18	19	20
195	305	240	365	100	320	255	210	85	495
21	22	23	24	25	26	27	28	29	30
70	360	345	215	400	430	145	270	415	295
31	32	33	34	35	36	37	38	39	40
60	420	325	65	485	375	405	245	130	150

5일차   5의 뺄셈

38 쪽   핵심콕콕

1	2	3	4	5	6	7	8	9	10
5	12	10	6	15	5	10	10	11	11

39 쪽   기초탄탄

1	2	3	4	5	6	7	8	9	10
12	5	10	10	12	13	14	10	10	10
11	12	13	14	15					
13	10	13	15	1					

40 쪽   기초탄탄

1	2	3	4	5	6	7	8	9	10
12	16	10	10	14	16	11	7	5	1
11	12	13	14	15					
5	7	15	10	2					

41 쪽   기초탄탄

1	2	3	4	5	6	7	8	9	10
5	7	10	5	14	20	14	11	15	14
11	12	13	14	15					
15	11	5	15	16					

42 쪽   실력쑥쑥

1	2	3	4	5	6	7	8	9	10
22	15	10	15	6	11	21	10	11	15
11	12	13	14	15					
11	15	20	10	14					

43 쪽   실력쑥쑥

1	2	3	4	5	6	7	8	9	10
10	10	20	20	9	11	12	18	15	13
11	12	13	14	15					
11	10	15	15	10					

44 쪽   암산술술

1	2	3	4	5	6	7	8	9	10
0	4	1	2	3	9	1	10	2	5
11	12	13	14	15	16	17	18	19	20
2	0	5	3	4	11	6	10	10	5

45 쪽   암산술술

1	2	3	4	5	6	7	8	9	10
384	522	138	306	570	114	150	228	420	276
11	12	13	14	15	16	17	18	19	20
372	258	534	102	354	558	366	510	144	186
21	22	23	24	25	26	27	28	29	30
282	174	300	492	216	564	468	72	240	222
31	32	33	34	35	36	37	38	39	40
456	180	414	108	270	156	426	552	348	444

6일차   6의 뺄셈

46 쪽   핵심콕콕

1	2	3	4	5	6	7	8	9	10
11	12	18	3	10	5	10	10	12	5

47 쪽   기초탄탄

1	2	3	4	5	6	7	8	9	10
15	14	3	12	11	0	10	12	15	0
11	12	13	14	15					
10	12	10	15	5					

48 쪽   기초탄탄

1	2	3	4	5	6	7	8	9	10
11	0	11	20	13	10	10	15	10	14
11	12	13	14	15					
0	16	11	1	10					

49 쪽   기초탄탄

1	2	3	4	5	6	7	8	9	10
5	11	11	5	10	10	13	5	10	10
11	12	13	14	15					
13	10	10	6	5					

50 쪽   실력쑥쑥

1	2	3	4	5	6	7	8	9	10
15	10	13	12	12	5	10	6	15	2
11	12	13	14	15					
15	12	10	15	14					

51 쪽   실력쑥쑥

1	2	3	4	5	6	7	8	9	10
11	16	12	17	10	16	15	21	16	5

⑪	⑫	⑬	⑭	⑮
10	11	5	13	20

52쪽 암산술술

①	②	③	④	⑤	⑥	⑦	⑧	⑨	⑩
0	1	2	3	2	2	10	0	11	3
⑪	⑫	⑬	⑭	⑮	⑯	⑰	⑱	⑲	⑳
4	5	5	5	5	5	2	5	3	10

53쪽 암산술술

①	②	③	④	⑤	⑥	⑦	⑧	⑨	⑩
203	91	420	637	329	672	210	546	371	98
⑪	⑫	⑬	⑭	⑮	⑯	⑰	⑱	⑲	⑳
595	553	119	182	238	406	175	441	665	280
㉑	㉒	㉓	㉔	㉕	㉖	㉗	㉘	㉙	㉚
84	616	147	560	525	413	532	364	322	266
㉛	㉜	㉝	㉞	㉟	㊱	㊲	㊳	㊴	㊵
133	490	301	434	252	623	105	511	686	483

7일차 　 7의 뺄셈

54쪽 핵심콕콕

①	②	③	④	⑤	⑥	⑦	⑧	⑨	⑩
0	8	10	5	12	11	9	1	14	11

55쪽 기초탄탄

①	②	③	④	⑤	⑥	⑦	⑧	⑨	⑩
12	6	5	10	10	15	0	12	13	11
⑪	⑫	⑬	⑭	⑮					
10	10	11	4	0					

56쪽 기초탄탄

①	②	③	④	⑤	⑥	⑦	⑧	⑨	⑩
10	1	10	4	10	10	12	10	2	11
⑪	⑫	⑬	⑭	⑮					
2	10	5	10	10					

57쪽 기초탄탄

①	②	③	④	⑤	⑥	⑦	⑧	⑨	⑩
5	10	10	4	1	11	10	10	11	5
⑪	⑫	⑬	⑭	⑮					
10	10	3	9	11					

58쪽 실력쑥쑥

①	②	③	④	⑤	⑥	⑦	⑧	⑨	⑩
18	3	5	15	12	10	16	5	10	10
⑪	⑫	⑬	⑭	⑮					
17	10	12	15	12					

59쪽 실력쑥쑥

①	②	③	④	⑤	⑥	⑦	⑧	⑨	⑩
13	13	5	17	10	1	10	11	10	5
⑪	⑫	⑬	⑭	⑮					
15	20	2	4	11					

60쪽 암산술술

①	②	③	④	⑤	⑥	⑦	⑧	⑨	⑩
0	1	2	1	0	4	0	5	2	11
⑪	⑫	⑬	⑭	⑮	⑯	⑰	⑱	⑲	⑳
1	4	2	2	5	2	4	15	4	10

61쪽 암산술술

①	②	③	④	⑤	⑥	⑦	⑧	⑨	⑩
144	336	472	536	184	448	304	152	560	272
⑪	⑫	⑬	⑭	⑮	⑯	⑰	⑱	⑲	⑳
496	568	712	408	360	584	656	552	592	544
㉑	㉒	㉓	㉔	㉕	㉖	㉗	㉘	㉙	㉚
520	120	256	392	744	160	600	504	232	528
㉛	㉜	㉝	㉞	㉟	㊱	㊲	㊳	㊴	㊵
104	736	456	328	280	640	768	224	312	344

8일차 　 8의 뺄셈

62쪽 핵심콕콕

①	②	③	④	⑤	⑥	⑦	⑧	⑨	⑩
2	3	3	9	11	10	1	10	10	0

63쪽 기초탄탄

①	②	③	④	⑤	⑥	⑦	⑧	⑨	⑩
0	1	2	11	3	13	10	5	0	1
⑪	⑫	⑬	⑭	⑮					
11	6	10	14	2					

64쪽 기초탄탄

①	②	③	④	⑤	⑥	⑦	⑧	⑨	⑩
1	12	1	0	11	10	11	5	10	1
⑪	⑫	⑬	⑭	⑮					
10	11	2	0	10					

65쪽 기초탄탄

①	②	③	④	⑤	⑥	⑦	⑧	⑨	⑩
5	10	0	10	6	1	6	15	0	11
⑪	⑫	⑬	⑭	⑮					
10	12	11	10	6					

66쪽 실력쑥쑥

①	②	③	④	⑤	⑥	⑦	⑧	⑨	⑩
11	20	10	15	5	11	10	3	15	7
⑪	⑫	⑬	⑭	⑮					
3	9	2	10	1					

67쪽 실력쑥쑥

①	②	③	④	⑤	⑥	⑦	⑧	⑨	⑩
1	12	10	5	5	2	7	10	15	8
⑪	⑫	⑬	⑭	⑮					
20	15	9	11	16					

68쪽 암산술술

①	②	③	④	⑤	⑥	⑦	⑧	⑨	⑩
1	1	1	1	0	1	8	0	7	1
⑪	⑫	⑬	⑭	⑮	⑯	⑰	⑱	⑲	⑳
1	5	5	2	5	1	3	4	0	6

69쪽 암산술술

①	②	③	④	⑤	⑥	⑦	⑧	⑨	⑩
558	810	342	405	153	855	288	144	702	360
⑪	⑫	⑬	⑭	⑮	⑯	⑰	⑱	⑲	⑳
351	684	450	108	756	360	693	387	801	549
㉑	㉒	㉓	㉔	㉕	㉖	㉗	㉘	㉙	㉚
477	576	243	819	522	621	252	747	639	432
㉛	㉜	㉝	㉞	㉟	㊱	㊲	㊳	㊴	㊵
783	720	135	513	261	324	657	414	738	837

9일차 　 9의 뺄셈

70쪽 핵심콕콕

①	②	③	④	⑤	⑥	⑦	⑧	⑨	⑩
7	6	2	0	0	0	0	1	13	10

71쪽 기초탄탄

①	②	③	④	⑤	⑥	⑦	⑧	⑨	⑩
10	0	5	13	11	1	0	16	8	16
⑪	⑫	⑬	⑭	⑮					
0	4	2	10	1					

72쪽 기초탄탄

①	②	③	④	⑤	⑥	⑦	⑧	⑨	⑩
8	4	5	5	2	1	16	11	11	10
⑪	⑫	⑬	⑭	⑮					
1	2	11	5	10					

73쪽 기초탄탄

①	②	③	④	⑤	⑥	⑦	⑧	⑨	⑩
20	3	11	1	4	0	6	10	2	6
⑪	⑫	⑬	⑭	⑮					
12	1	5	7	2					

74 쪽

①	②	③	④	⑤	⑥	⑦	⑧	⑨	⑩
0	1	2	3	12	10	11	15	20	10
⑪	⑫	⑬	⑭	⑮					
5	5	0	10	10					

75 쪽 실력쑥쑥

①	②	③	④	⑤	⑥	⑦	⑧	⑨	⑩
10	5	12	15	0	2	15	1	0	13
⑪	⑫	⑬	⑭	⑮					
6	0	0	2	1					

76 쪽 암산술술

①	②	③	④	⑤	⑥	⑦	⑧	⑨	⑩
0	1	1	1	1	9	9	10	1	6
⑪	⑫	⑬	⑭	⑮	⑯	⑰	⑱	⑲	⑳
0	1	2	5	6	0	0	4	0	9

77 쪽 암산술술

①	②	③	④	⑤	⑥	⑦	⑧	⑨	⑩
675	207	266	205	160	42	84	332	288	399
⑪	⑫	⑬	⑭	⑮	⑯	⑰	⑱	⑲	⑳
320	522	216	180	364	90	246	702	186	144
㉑	㉒	㉓	㉔	㉕	㉖	㉗	㉘	㉙	㉚
172	630	245	416	52	476	205	582	225	39
㉛	㉜	㉝	㉞	㉟	㊱	㊲	㊳	㊴	㊵
665	250	248	52	534	188	258	147	152	570

10일차 — 5를 이용한 1의 뺄셈

78 쪽 핵심콕콕

①	②	③	④	⑤	⑥	⑦	⑧	⑨	⑩
1	10	18	1	14	10	14	0	10	5

79 쪽 기초탄탄

①	②	③	④	⑤	⑥	⑦	⑧	⑨	⑩
11	11	11	10	10	10	5	6	10	7
⑪	⑫	⑬	⑭	⑮					
6	10	12	0	10					

80 쪽 기초탄탄

①	②	③	④	⑤	⑥	⑦	⑧	⑨	⑩
6	2	11	10	10	10	5	10	10	15
⑪	⑫	⑬	⑭	⑮					
10	10	4	8	10					

81 쪽 기초탄탄

①	②	③	④	⑤	⑥	⑦	⑧	⑨	⑩
10	9	4	14	7	4	15	15	10	11
⑪	⑫	⑬	⑭	⑮					
14	1	14	1	13					

82 쪽 실력쑥쑥

①	②	③	④	⑤	⑥	⑦	⑧	⑨	⑩
14	10	15	3	11	10	5	5	11	10
⑪	⑫	⑬	⑭	⑮					
10	10	10	10	24					

83 쪽 실력쑥쑥

①	②	③	④	⑤	⑥	⑦	⑧	⑨	⑩
14	11	10	10	11	14	10	10	13	10
⑪	⑫	⑬	⑭	⑮					
14	4	17	14	10					

84 쪽 암산술술

①	②	③	④	⑤	⑥	⑦	⑧	⑨	⑩
4	1	1	0	1	4	10	10	1	12
⑪	⑫	⑬	⑭	⑮	⑯	⑰	⑱	⑲	⑳
4	1	1	2	5	0	5	4	8	1

85 쪽 암산술술

①	②	③	④	⑤	⑥	⑦	⑧	⑨	⑩
90	336	312	78	455	490	183	216	584	96
⑪	⑫	⑬	⑭	⑮	⑯	⑰	⑱	⑲	⑳
450	72	558	87	371	445	126	154	174	249
㉑	㉒	㉓	㉔	㉕	㉖	㉗	㉘	㉙	㉚
138	460	413	738	38	180	420	504	369	72
㉛	㉜	㉝	㉞	㉟	㊱	㊲	㊳	㊴	㊵
632	84	595	148	320	540	175	90	744	80

11일차 — 10을 이용한 1의 뺄셈

86 쪽 핵심콕콕

①	②	③	④	⑤	⑥	⑦	⑧	⑨	⑩
11	13	9	12	9	12	10	0	9	6

87 쪽 기초탄탄

①	②	③	④	⑤	⑥	⑦	⑧	⑨	⑩
9	11	10	9	7	10	4	13	5	15
⑪	⑫	⑬	⑭	⑮					
9	5	19	18	16					

88 쪽 기초탄탄

①	②	③	④	⑤	⑥	⑦	⑧	⑨	⑩
12	10	7	9	11	4	10	11	10	9
⑪	⑫	⑬	⑭	⑮					
15	10	12	11	5					

89 쪽 기초탄탄

①	②	③	④	⑤	⑥	⑦	⑧	⑨	⑩
13	6	14	10	11	4	13	0	15	14
⑪	⑫	⑬	⑭	⑮					
15	13	10	4	19					

90 쪽 실력쑥쑥

①	②	③	④	⑤	⑥	⑦	⑧	⑨	⑩
19	20	13	12	4	15	21	10	10	10
⑪	⑫	⑬	⑭	⑮					
15	1	10	11	16					

91 쪽 실력쑥쑥

①	②	③	④	⑤	⑥	⑦	⑧	⑨	⑩
18	19	10	21	11	10	3	10	11	14
⑪	⑫	⑬	⑭	⑮					
9	18	12	9	19					

92 쪽 암산술술

①	②	③	④	⑤	⑥	⑦	⑧	⑨	⑩
9	4	0	5	5	9	6	9	12	9
⑪	⑫	⑬	⑭	⑮	⑯	⑰	⑱	⑲	⑳
8	1	1	2	4	9	15	9	0	6

93 쪽 암산술술

①	②	③	④	⑤	⑥	⑦	⑧	⑨	⑩
46	120	261	360	546	256	333	492	360	182
⑪	⑫	⑬	⑭	⑮	⑯	⑰	⑱	⑲	⑳
50	166	448	474	140	222	549	644	400	194
㉑	㉒	㉓	㉔	㉕	㉖	㉗	㉘	㉙	㉚
342	768	196	28	140	414	255	140	146	120
㉛	㉜	㉝	㉞	㉟	㊱	㊲	㊳	㊴	㊵
114	544	213	470	252	279	177	115	304	294

12일차 — 5를 이용한 2의 뺄셈

94 쪽 핵심콕콕

①	②	③	④	⑤	⑥	⑦	⑧	⑨	⑩
12	6	13	3	9	9	16	7	18	14

95 쪽 기초탄탄

①	②	③	④	⑤	⑥	⑦	⑧	⑨	⑩
8	11	14	14	9	14	10	0	11	14
⑪	⑫	⑬	⑭	⑮					
12	14	10	4	7					

96 쪽 기초탄탄

①	②	③	④	⑤	⑥	⑦	⑧	⑨	⑩
12	6	11	14	10	12	13	10	12	12

⑪	⑫	⑬	⑭	⑮
3	4	13	4	11

97 쪽 기초탄탄

①	②	③	④	⑤	⑥	⑦	⑧	⑨	⑩
14	15	3	5	14	12	13	13	9	13
⑪	⑫	⑬	⑭	⑮					
11	10	9	14	11					

98 쪽 실력쑥쑥

①	②	③	④	⑤	⑥	⑦	⑧	⑨	⑩
13	15	11	10	15	14	10	10	10	12
⑪	⑫	⑬	⑭	⑮					
4	9	14	9	18					

99 쪽 실력쑥쑥

①	②	③	④	⑤	⑥	⑦	⑧	⑨	⑩
20	14	15	20	12	12	14	14	21	12
⑪	⑫	⑬	⑭	⑮					
14	14	10	14	9					

100 쪽 암산술술

①	②	③	④	⑤	⑥	⑦	⑧	⑨	⑩
3	2	4	5	5	11	12	2	7	9
⑪	⑫	⑬	⑭	⑮	⑯	⑰	⑱	⑲	⑳
4	2	3	1	2	10	4	4	5	3

101 쪽 암산술술

①	②	③	④	⑤	⑥	⑦	⑧	⑨	⑩
168	288	356	182	490	171	162	190	144	720
⑪	⑫	⑬	⑭	⑮	⑯	⑰	⑱	⑲	⑳
78	712	212	287	504	465	30	513	126	180
㉑	㉒	㉓	㉔	㉕	㉖	㉗	㉘	㉙	㉚
219	729	720	92	312	111	624	258	392	108
㉛	㉜	㉝	㉞	㉟	㊱	㊲	㊳	㊴	㊵
80	406	603	65	116	296	552	532	425	276

13일차 10을 이용한 2의 뺄셈

102 쪽 핵심콕콕

①	②	③	④	⑤	⑥	⑦	⑧	⑨	⑩
13	9	12	8	9	19	13	12	9	7

103 쪽 기초탄탄

①	②	③	④	⑤	⑥	⑦	⑧	⑨	⑩
11	12	9	14	11	11	14	13	13	14
⑪	⑫	⑬	⑭	⑮					
11	13	5	14	9					

104 쪽 기초탄탄

①	②	③	④	⑤	⑥	⑦	⑧	⑨	⑩
10	14	10	8	12	14	14	13	8	9
⑪	⑫	⑬	⑭	⑮					
3	1	13	19	14					

105 쪽 기초탄탄

①	②	③	④	⑤	⑥	⑦	⑧	⑨	⑩
8	11	19	11	13	19	14	6	9	12
⑪	⑫	⑬	⑭	⑮					
1	5	8	19	19					

106 쪽 실력쑥쑥

①	②	③	④	⑤	⑥	⑦	⑧	⑨	⑩
18	10	14	14	10	7	9	14	14	2
⑪	⑫	⑬	⑭	⑮					
14	14	17	12	9					

107 쪽 실력쑥쑥

①	②	③	④	⑤	⑥	⑦	⑧	⑨	⑩
16	14	19	18	10	10	18	11	22	10
⑪	⑫	⑬	⑭	⑮					
19	13	1	11	10					

108 쪽 암산술술

①	②	③	④	⑤	⑥	⑦	⑧	⑨	⑩
8	3	9	13	14	11	13	5	9	11
⑪	⑫	⑬	⑭	⑮	⑯	⑰	⑱	⑲	⑳
3	1	8	1	1	8	8	8	6	8

109 쪽 암산술술

①	②	③	④	⑤	⑥	⑦	⑧	⑨	⑩
224	567	444	180	190	207	464	410	98	235
⑪	⑫	⑬	⑭	⑮	⑯	⑰	⑱	⑲	⑳
105	783	124	124	156	696	343	174	70	585
㉑	㉒	㉓	㉔	㉕	㉖	㉗	㉘	㉙	㉚
135	273	60	135	264	228	86	512	693	34
㉛	㉜	㉝	㉞	㉟	㊱	㊲	㊳	㊴	㊵
112	285	324	78	232	90	296	336	168	249

14일차 종합연습문제

110 쪽 꼼꼼마무리

①	②	③	④	⑤	⑥	⑦	⑧	⑨	⑩
14	0	11	0	15	10	10	9	15	16
⑪	⑫	⑬	⑭	⑮					
21	13	10	21	19					

111 쪽 꼼꼼마무리

①	②	③	④	⑤	⑥	⑦	⑧	⑨	⑩
6	2	1	2	1	9	7	10	11	0
⑪	⑫	⑬	⑭	⑮	⑯	⑰	⑱	⑲	⑳
5	5	4	6	0	11	10	9	7	1

112 쪽 꼼꼼마무리

①	②	③	④	⑤	⑥	⑦	⑧	⑨	⑩
207	315	450	201	624	534	224	20	108	84
⑪	⑫	⑬	⑭	⑮	⑯	⑰	⑱	⑲	⑳
475	280	664	34	288	306	567	148	776	57
㉑	㉒	㉓	㉔	㉕	㉖	㉗	㉘	㉙	㉚
62	328	150	304	240	355	343	126	170	736
㉛	㉜	㉝	㉞	㉟	㊱	㊲	㊳	㊴	㊵
450	84	288	342	250	294	372	427	582	240

저자
소개

김일곤 선생님

1965년 7.	「감사장」 무상 아동들의 교육을 위하여 군성중학교 설립 (제 275호)
1966년 7.	「장려상」 덕수상고 주최 전국 초등학교 주산경기대회
1967년 10.	「지도상」 경희대학교 주최 전국 초등학교 주산경기대회 우승
1968년 2.	서울시 초등학교 주산 보급회 창설
1969년 9.	「공로상」 대한교련산하 한주회(회장 윤태림 박사)
1970년 3.	「지도패」 봉영여상 주최 전국 주산경기대회 3년 연속 우승
1971년 10.	「지도상」 서울여상 주최 전국 주산경기대회 3년 연속 우승
1972년 7.	「지도상」 일본 주최 국제주산경기 군마현 대회 준우승, 동경대회 우승, 경도시 상공회의소 주최 우승
1972년 7.	일본 NHK TV 출연
1973년 4.	「지도상」 숙명여대 주최 한 · 일 친선 주산경기대회 우승
1973년 9.	「지도상」 공항상고 주최 전국 초등학교 주산경기대회 우승
1974년 12.	「공로상」 한국 주최 국제주산경기대회 우승
1975년 7.	「지도상」 서울수도사대 주최 서울시 초등학교 주산경기대회 우승
1976년 10.	「지도상」 대한교련 산하 한주회 주최 국제파견 1, 2, 3차 선발대회 우승
1977년 7.	「지도패」 제6회 일본 군마현 주최 주산경기대회 우승
1978년 4.	「지도상」 동구여상 주최 전국 주산경기대회 2년 연속 우승
1979년 6.	MBC TV 출연 전자계산기와 대결 우승
1980년 6.	「지도상」 한국개발원 주최 해외파견 선발대회 우승
1981년 8.	「감사장」 일본 기후시 주최 국제주산경기대회 우승
1982년 8.	「감사패」 대만 대북시 주최 국제주산경기대회 우승
1983년 9.	「지도상」 한국일보 주최 전국 암산왕선발대회 3년 연속 우승
1983년 11.	KBS TV '비밀의 커텐', '상쾌한 아침' 출연

1983년 11.	MBC TV '차인태의 아침 살롱' 출연
1984년 1.	MBC TV '자랑스런 새싹들' 특별 출연
1984년 10.	「공로패」 국제피플투피플 독일 파견대회 우승
1984년 12.	「지도상」 한국 주최 세계기록 주산경기대회 우승
1985년 12.	「감사패」 대만 주최 제3회 세계계산기능대회 대한민국 대표로 참가 준우승
1986년 8.	「공로패」 일본 동경 주최 국제주산경기대회 우승
1986년 10.	「공로패」 조선일보 주최 전국 주산경기대회 3년 연속 우승
1987년 11.	「지도패」 학원총연합회 주최 문교부장관상 전국 주산경기대회 3년 연속 우승
1987년 12.	「공로패」 일본 주최 제4회 세계계산기능대회 참가
1989년 8.	「감사패」 일본 동경 주최 제5회 세계계산기능대회 참가
1991년 12.	대만 주최 제6회 세계계산기능대회 참가
1993년 12.	대한민국 주최 제7회 세계계산기능대회 참가
1996년. 1.	「국제주산교육 10단 인증」 싱가포르 주최 국제주산교육 10단 수여
1996년 12.	「공로패」 대만 주최 국제주산경기대회 참가
2003년 8.	MBC TV '특종 놀라운 세상 암산기인 탄생' 출연
2003년 9.	사단법인 국제주산암산연맹 창설
2003년 6월~ 2004년 3월	연세대학교 창업교육센터 YES셈 주산교육자 강의

【 저 서 】

독산 가감산 및 호산집
주산 기초 교본(상 · 하권)
주산식 기본 암산(1, 2권)
매직셈 주산 기본 교재
매직셈 연습문제(덧셈, 곱셈, 뺄셈, 나눗셈)
주산암산수련문제집